人クローン技術は許されるか

御輿久美子 他著

緑風出版

はじめに

御輿久美子

「ヒトに関するクローン技術等の規制に関する法律案」が二〇〇〇年（平成一二年）春に国会に提出されたとき、その法案を見る機会があった。この第一四七回国会では審議されず廃案となったのだが、読んでみて目を疑い、まさかと信じられず、私は科学技術庁に電話をかけた。――「この法律でクローン胚というのは体細胞クローンの場合だけですね？」と私、「はい。そのとおりでございます」と担当官の佐伯氏。「人と人のキメラ（二種類あるいは二系統の遺伝的に異なる細胞が混在して一個体となっている状態）は子宮に戻すことが禁止されていないのですか？」「はい、そうです」――まさか、じゃなかったんだ。電話の後、私は、しばし呆然としていた。

一年後の今でも、まだ、呆然としている。――クローンの定義さえ独自のものに変えてしまい、場合によっては人のクローン個体さえつくることを可能にした法律。人の卵子から核を除き、動物の細胞核を代わりに入れることを認めている法律。このような法律案を作りだした官僚、法律として成立させてしまった国会。この国は、新しい技術を進めるためには人を人と思わない強引なことをする。

私は、この法案が改めて審議された第一五〇国会衆議院科学技術委員会に参考人として意見を述べる機会を持ったが、そのときにはすでに法案可決が予定されていたようで、直後に委員会通過、衆議院議決となり、一体、何をしにいったのか、時間の無駄をしただけのような気分になってしまった。

この科学技術は、人の尊厳、人権というものを根底から覆してしまう危険性を持っている。だからこそ法で禁止、規制をするのではないのか。ところが、この法律はそうではない。規制という言葉がついているが、人クローン技術推進法なのである。こういう研究に何百億という国費を出すためにつくられた法律なのである。

この法律をクローン人間つくりを禁止する法律だと思っている方々にこの本を是非読んでいただきたい。各章はそれぞれの筆者によって独立に書かれているので、第8章だけは最後にして、どこから読んでいただいても構わない。人のクローン技術に関する動きは、世界的にも非常に活発である。この書では、出来るだけ最近の国内外の情報を盛り込むことにも留意した。そのため、所々、時間関係が前後して読みづらい箇所ができてしまった点、ご容赦をお願いしたい。

最後に、貴重な資料の提供をいただいた勝島《ぬでしま》次郎氏に感謝の意を表する。

二〇〇一年九月

人クローン技術は許されるか●目次

人クローン技術は許されるか●目次

第1章

人クローン規制法読解

御輿久美子

法律を読む前に

巻末の資料1に「ヒトに関するクローン技術等の規制に関する法律」の全文を掲載している。この法律の成文は、科技庁から法案として出されたものに附則第二条の検討時期「この法律の施行後五年以内に」を「この法律の施行後三年以内に」等の若干の修正および付帯決議が追加されただけのものである。この書では人クローン規制法と略すことにする。

この法律では、クローン胚、核移植胚、融合胚、胚性細胞、除核卵などいろいろな名前の胚や細胞が出てくる。核移植胚、融合胚、集合胚はこの法律でつくられた名称で、それぞれクローン胚、クローン胚、キメラ胚に相当する（二三頁　表1）。では、クローンやキメラとは一体何であるのか。まず、基礎的な知識を整理しておこう。

細胞……細胞は生体の構成単位である。体の各組織、脳、心臓、肺、肝臓、皮膚、筋肉など、構造も機能も異なるが、すべて細胞の集まったものである。細胞は、図1に示すとおり、さまざまな大きさと形態を持つが、基本的構成は同じで細胞膜に囲まれた中（細胞質という）に核、ミトコンドリアなどの細胞内小器官とよばれる構造をもっている（核は光学顕微鏡で見ることが出来るが、ミトコンドリアなど他の小器官は電子顕微鏡でなければ見ることができない）。細胞の中で最も大きいのは卵であ

図1　細胞の大きさ

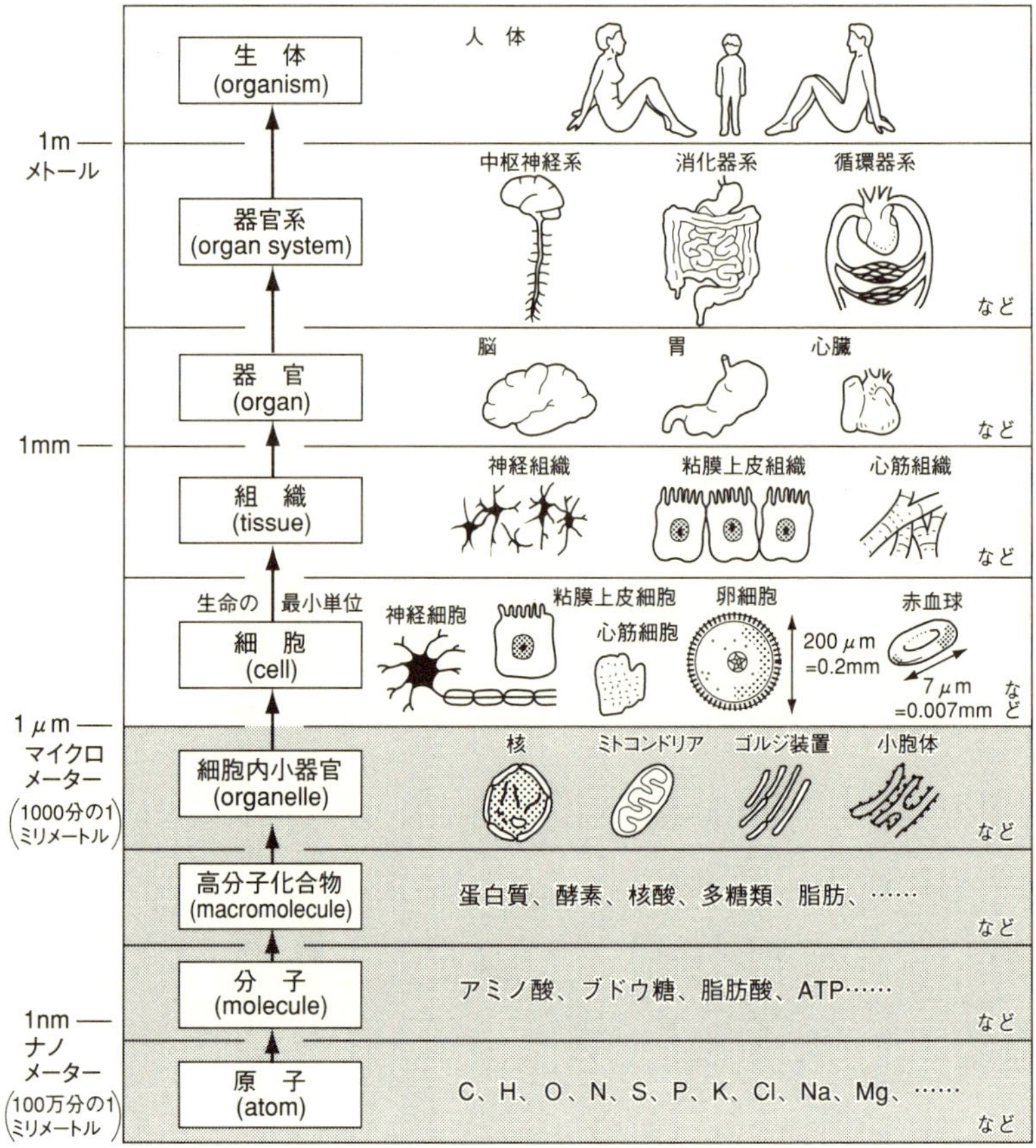

(出典：生体の構成を示す模式図「人体機能生理学」南江堂より［一部加筆］)

[関与するホルモン]

脳下垂体で分泌され卵巣に働く：卵胞刺激ホルモン(FSH)、黄体形成ホルモン(LH)

卵巣でつくられ分泌される：卵胞ホルモン(エストロゲン)、黄体ホルモン(プロゲステン)

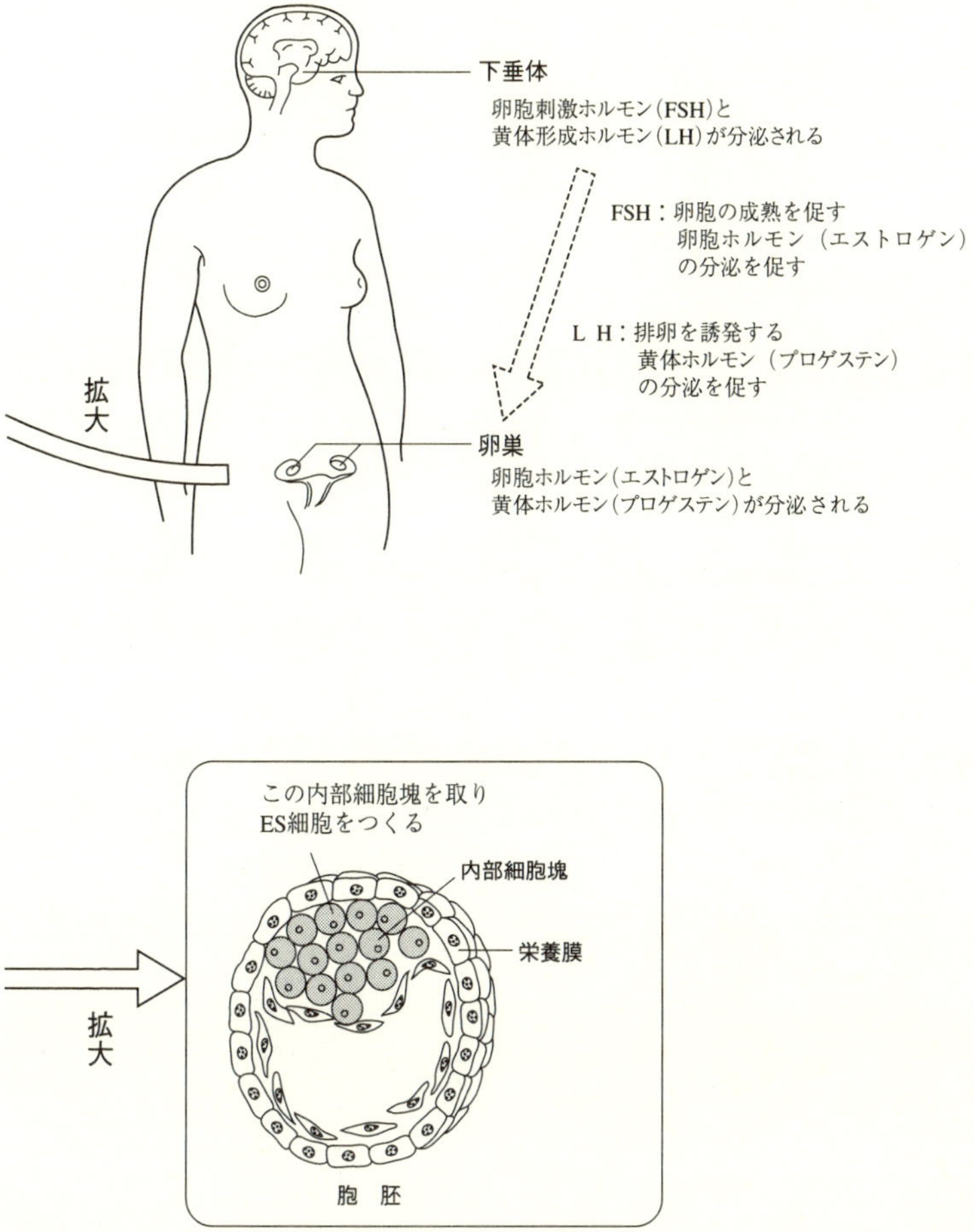
下垂体
卵胞刺激ホルモン(FSH)と
黄体形成ホルモン(LH)が分泌される
FSH：卵胞の成熟を促す
卵胞ホルモン（エストロゲン）
の分泌を促す
ＬＨ：排卵を誘発する
黄体ホルモン（プロゲステン）
の分泌を促す
拡大
卵巣
卵胞ホルモン(エストロゲン)と
黄体ホルモン(プロゲステン)が分泌される
拡大
この内部細胞塊を取り
ES細胞をつくる
内部細胞塊
栄養膜
胞　胚

図2　妊娠のしくみ

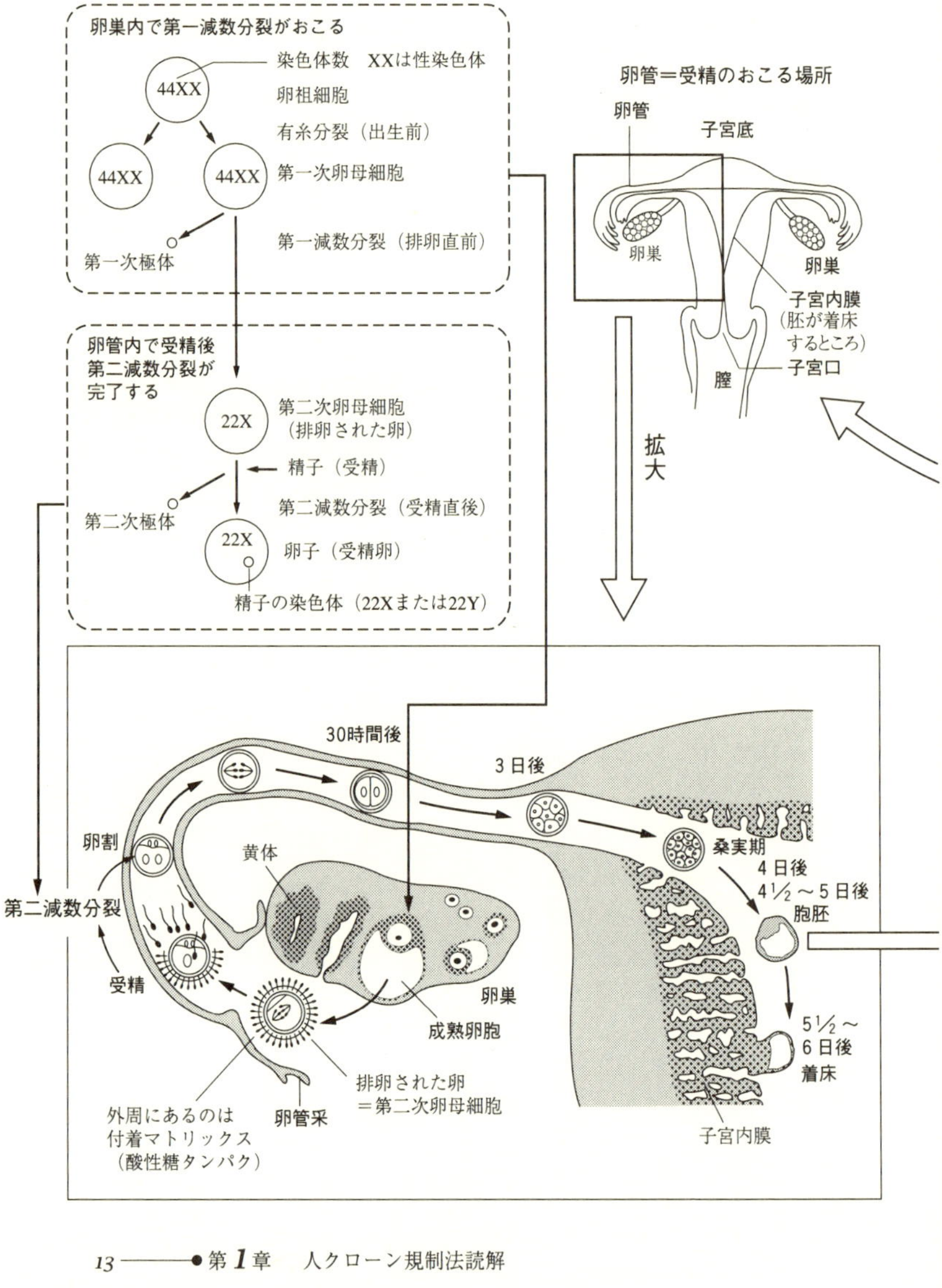

卵巣内で第一減数分裂がおこる
染色体数　XXは性染色体
44XX
卵祖細胞
有糸分裂（出生前）
44XX
44XX
第一次卵母細胞
第一減数分裂（排卵直前）
第一次極体
卵管内で受精後
第二減数分裂が
完了する
22X
第二次卵母細胞
（排卵された卵）
精子（受精）
第二減数分裂（受精直後）
第二次極体
22X
卵子（受精卵）
精子の染色体（22Xまたは22Y）
卵管＝受精のおこる場所
卵管
子宮底
卵巣
卵巣
子宮内膜
（胚が着床
するところ）
子宮口
膣
拡
大
30時間後
3日後
卵割
黄体
桑実期
4日後
4½～5日後
胚胞
第二減数分裂
受精
卵巣
成熟卵胞
5½～
6日後
着床
排卵された卵
＝第二次卵母細胞
外周にあるのは
付着マトリックス
（酸性糖タンパク）
卵管采
子宮内膜

る。人の卵子は直径約〇・二㎜の球状であり、肉眼でもかろうじて見ることができる大きさである。この大きさが卵を操作することを容易にしている。なお、個体を構成している数え切れない数の細胞は、たった一個の受精卵からできたものである。

受精……受精は女性の卵管内でおこる（図2）。これを培養皿の中でおこなうのが体外受精である。卵子のもとになる細胞は、胎児のときにすでにつくられ卵巣内で眠っている。思春期以降身体が成熟すると、左右ある卵巣から交互に一個卵子がつくられ排卵される。排卵された卵子は、受精後に減数分裂の最終段階をおこなうので、減数分裂の完了した成熟卵子というのは受精卵なのである。クローン胚作成に用いる核を除いた卵子（除核卵）は、排卵された未受精のものを用いる。この未受精卵は正確には第二次卵母細胞と呼ばれ、減数分裂の途中の段階にあるせいか、凍結保存もかなりむつかしい。現在、体外受精の現場で保存されているのは、受精卵が卵割をはじめた胚である。この凍結胚はES細胞作成の原材料として利用される。

クローン……クローンとは同じ遺伝子組成を持つもののことである。哺乳動物のクローン個体のつくり方としては、後述（二〇頁）するように、三通りある。一つは受精卵が卵割をはじめて二ないし四つの細胞になったとき、人為的に細胞を切り離すことによってつくられる双子ないし四つ子。二つめの方法は、桑実胚ころまでの胚の細胞をばらばらにして核をとり、その核を未受精卵から核

図3　キメラ(集合胚)とは

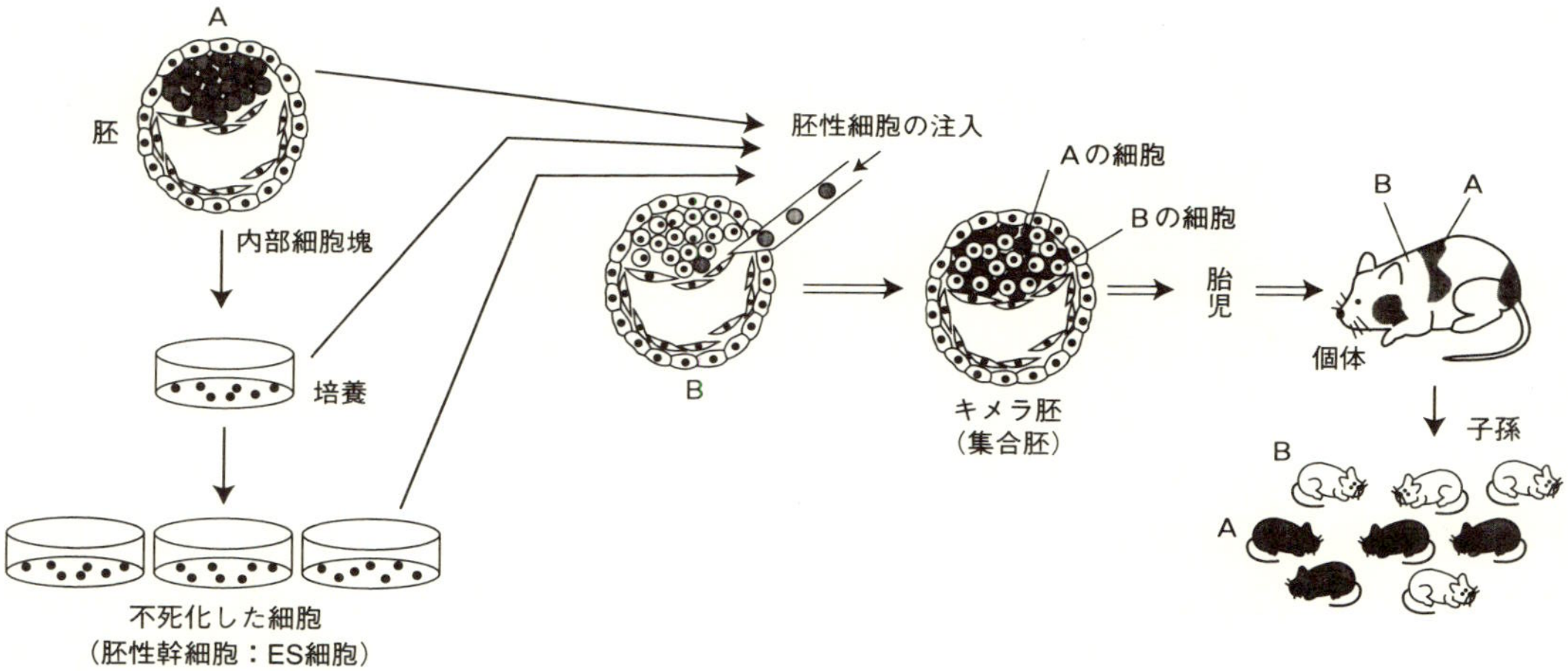
A
胚
内部細胞塊
培養
不死化した細胞
(胚性幹細胞：ES細胞)
胚性細胞の注入
B
Aの細胞
Bの細胞
キメラ胚
(集合胚)
胎児
B
A
個体
子孫
B
A

を抜いたもの（除核卵という）にいれてつくる。三つめは、除核卵に体細胞の核を入れた場合であり、これが体細胞クローンである。二つめと三つめの方法は、核を除核卵にいれるという核移植技術（いわゆるクローン技術）でつくられる。この法律で核移植胚あるいは融合胚とよばれているものも、この方法でつくられた胚である。

キメラ……二種類あるいは二系統の遺伝的に異なる細胞が混在して一個体となっている状態の胚や生体。この法律では、学問上の用語であるキメラを使用せずに「集合」胚と命名している。キメラは、胚の初期の時期（着床前の時期）に別の胚を細胞を一個一個バラバラにして注入すると、以降、一つの胚として発生が進み、一個体が出来上がる（図3）。このキメラ個体は、体内の組織で、二つの異なる細胞がお互いに排斥されずに共存しており、この個体から生殖細胞がつくられた場合には、もとの二種類の生殖細胞がつくられる。

ES細胞……ヒト胚性幹細胞の略。受精卵が卵割をして数日後の胚盤胞という時期に、胚の内部にある胎児になる細胞の塊りを採ってきて、細胞を一個一個にばらばらにして、培養皿中で特別な方法で培養することによって、無限に増殖し、どの組織にでも分化する性質を持つ（全能性があるという言い方をする）細胞がとれる。こういう細胞をES細胞といい、一つの胚からできた細胞は、同じ遺伝的特徴をもつ一つの株である（一四七頁　図5）。株細胞をつくることを細胞株を樹立するという。

難解な人クローン規制法

法律文とは、どうしてこうも理解しがたい文章なのだろう。先端的な技術に関する法律であっても、このような古めかしい文体で書かなければいけないものなのか。第一条の目的からして、一一行四六〇字余が一つの文になっており、一般人を寄せつけない雰囲気がある。

こうなれば、まず、主語と述語をさがすことから始めよう。第一条の目的の主語は、「この法律は」であり、述語は「もって、社会及び国民生活と調和のとれた科学技術の発展を期することを目的とする」である。人の尊厳の保持のために技術を規制するのが目的ではないのである。

次に文の中を見よう。第一条（目的）の条文の三行目には「……人と動物のいずれであるかが明らかでない個体（以下、「交雑個体」という）を作り出し、又はこれらに類する個体の人為による生成をもたらすおそれがあり」、九～一〇行目「人クローン個体及び交雑個体の生成の防止並びにこれらに類する個体の人為による生成の規制を図り」とある。つまり、人クローン個体と交雑個体の生成は防止対象、それらに類する個体の生成は規制対象（場合によっては生成もありうる）であるということである。人クローン個体、交雑個体の説明は後でする。ここでは、個体の作成にも禁止と規制の二通りの場合があるということを知っておいて欲しい。

そして、個体作成防止の方法は、子宮に戻すことの禁止（第三条）であって、胚を作成することは禁止されない。

人とヒト、ヒト性のちがい

では、どのような胚がつくられるのであろう。第二条（定義）を見てみよう。

第二条には、この法律で作られたいくつかの造語と奇妙な定義がある。

第二条の六「ヒト受精胚」……ふつうは、受精した卵のことを受精卵といい、受精卵が卵割したものを胚と呼び、受精胚とはいわない。わざわざこういう単語をつくったのは、胚をばらばらにして、それらからあたらしく胚をつくった場合と区別するためである。これまでの、ふつうの、受精卵とか胚といっていたものを「受精胚」と呼び、さらに、核も細胞質もすべてヒト由来という意味で「ヒト」を冠したようである。これら「ヒト受精胚」は、後で述べる九種類の胚を作成する際の原材料として使われる。

ところで、人の胚を「ヒト受精胚」とカタカナに置き換えたように、この法律では、人とヒトを区別して使い分け、さらにヒトとは別にヒト性という語までつくってある。

「人」の漢字を使うのは体細胞クローンの場合だけである。人の胚や卵子は実験材料としてしか見ていないので、「ヒト」胚、「ヒト」卵と呼ぶのである。

図4　核移植の方法

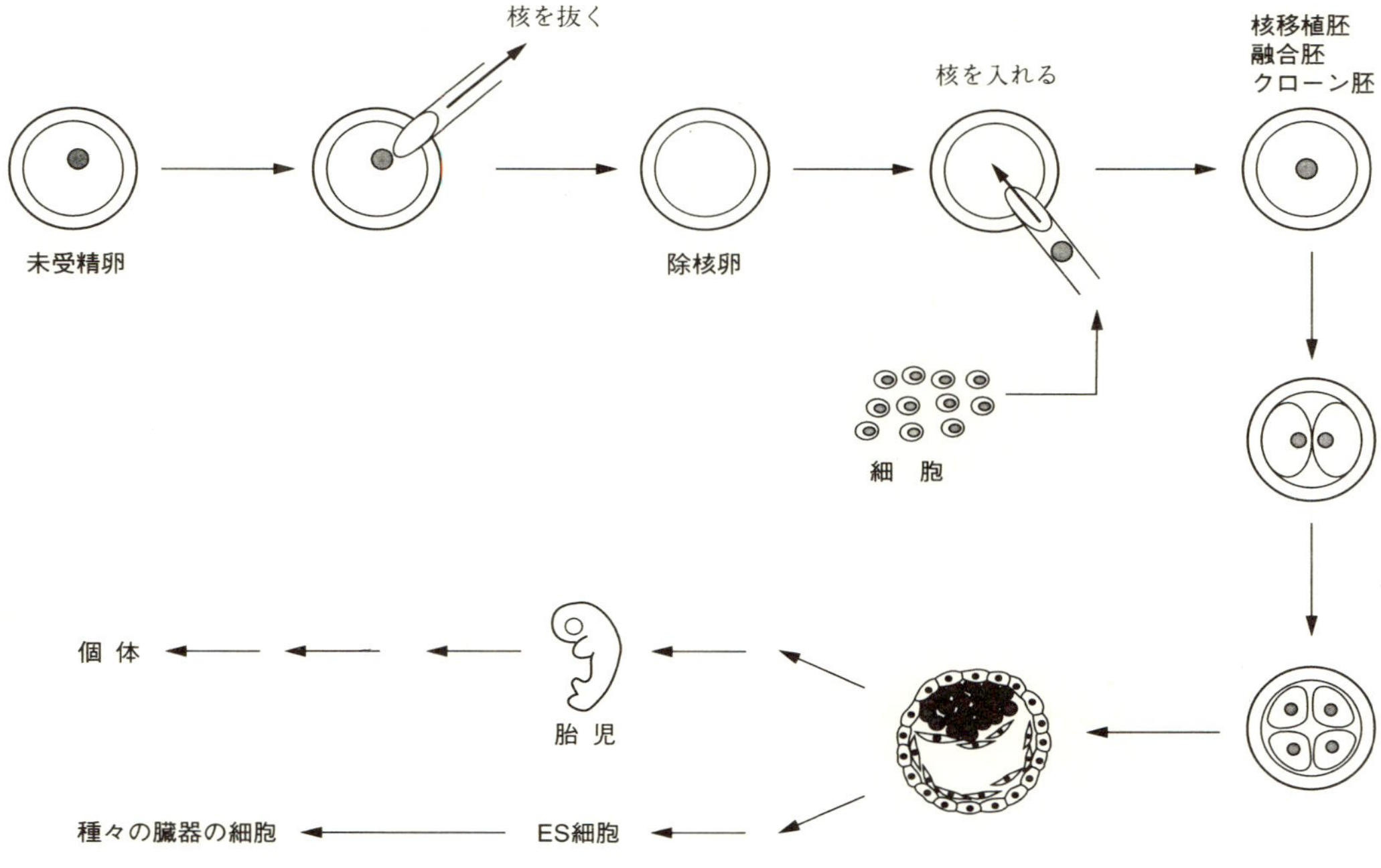

以後、ヒトが冠されている胚はヒト由来一〇〇％でつくられた胚を示し、ヒト性という場合（第二条十四ヒト性融合胚、十五ヒト性集合胚）には核はヒト由来であるが、卵の他の部分は動物であるような胚をさす。反対に、ヒトの卵子の核を抜き、それに動物の核を入れた場合には「動物性」と冠される（十九動物性融合胚）。

三種類のクローン胚

法第二条の八「ヒト胚分割胚」……ごく初期の、2～8細胞の時期の胚（図2）をバラバラにして人為的につくられた双子、四つ子、八つ子の胚のことである。ふつうなら受精卵分割クローン胚、より正確には胚分割クローン胚と呼ぶべきである。あえてクローンの語を用いていない。次の九もまた、クローンなのであるが、クローンの字をはずしている。

九「ヒト胚核移植胚」……これは、体細胞以外の細胞核を、除核卵（未受精卵の核をとりのぞいたもの）に入れてできた胚を指している。入れる核は、体細胞と同じ染色体数、つまり倍数体であればよいので、桑実胚（図2）をバラバラにしてたくさんの細胞をとり、それらの核を一個ずつ除核卵に入れてつくる。八つ以上に分割が進んだ胚を一個ずつバラバラにしても、それだけでは八つ子にならない。一個一個の細胞が小さすぎて発生がとまって死んでしまう。そこで、このように、核を取り出して除核卵（未受精卵の核を抜いたもの）に入れるのである。牛の受精卵クローンはこの方法で作られている。この法律の英文では、「ヒト胚核移植胚」は、「Human embryonic clone embryo」とクローンの語を使っている。

十「人クローン胚」……人の体細胞核を人の除核卵に入れてできた胚。いわゆる体細胞クローン胚である。この法律では、この人の体細胞クローンのみ人という漢字とクローンの語を用いている。なお、第二条四に明記されているように、体細胞には、個人の体細胞だけでなく胎児の体細胞も死体の体細胞も含まれる。

ところで、ある人の体細胞から核を抜いて、その核をヒト除核卵にいれて胚をつくったとしよう。できた胚が人クローン胚であるが、これは厳密には核を提供した人と同一遺伝子組成をもつわけではない。細胞質にあるミトコンドリア（図1）も遺伝子をもっているからである。だから、遺伝子が完全に同じ体細胞クローンをつくろうと思えば、母の体細胞からとった核を娘の除核卵にいれて胚をつくるしかない。あるいは、女性が自分の体細胞の核を自分の除核卵にいれた場合などである。

ただ、核の遺伝子が同一であるものをクローンと呼ぶことはふつうにおこなわれており、人の体細胞核を除核卵に核移植した胚を人クローン胚と呼ぶことはかまわない。しかし、その場合には、八、九も人クローン胚と呼ぶべきであろう。体細胞の核だけが同一の場合をクローンと呼び、胚分割クローンと受精卵クローンを除外するのなら、その理由がいる。考えられる理由としては、「すでに存在している（死者も含む）人と同一の核（すなわち体細胞の核）をもつ個体をクローンと呼ぶ」とすることであろう。現に、この法律の第一条において、「特定の人と同一の遺伝子構造を有する人（以下、「人クローン個体」という）を作り出し」を防止するためとある。しかし、それならば、胎児（死胎）からとった体細胞クローンは、人クローンとは呼べない。

もっとも、胎児（死胎）の体細胞からとった核で個体をつくられても困るので、第二条四の体細胞の定義に胎児（死胎）からとった細胞が含まれ、そのクローンは十の「人クローン胚」に含まれ子宮に戻すことは禁止されている、という点には異論はないのであるが。

体細胞クローンのみが人クローン

しかし、それにしても、この法律では「人クローン胚」と「人クローン個体」の定義がずれているのである。

第二条には「人クローン個体」が定義されていないので、第一条の「特定の人と同一の遺伝子構造を有する人」が定義であるとみなすしかない。そうすると、八、九の胚の場合、時間差で子宮に戻して個体をつくれば、「特定の人と同一の遺伝子構造を有する人」がつくられるので、こういう場合も「人クローン個体」であり産生は禁止されなければならない。ところが、八、九の場合には個体つくりは禁止されていない。八、九の胚から「特定の人と同一の遺伝子構造を有する人」がつくられたとしても、この法律では「人クローン個体」とはみなさないようである。どうやら、立案者はこの矛盾に気付いていたので、第二条の定義から「人クローン個体」をはずしたのであろう。

表1　特定胚説明

特定胚の名称	胚の種類	つくり方と特徴	研究、医療への応用
ヒト胚分割胚	クローン	一個の受精卵が2、4、ないし8つに分裂したとき、その胚を人為的に分割してつくる。	体外受精の際の採卵数の不足を補うため。
ヒト胚核移植胚	クローン	人の体細胞以外の細胞核（但し、染色体数は体細胞と同じ倍数体であること）を、人の除核卵に移植してつくる。	ミトコンドリアの機能研究や核との相互作用の研究。高齢女性の卵の若返り法として不妊治療に応用。
人クローン胚	クローン	人の体細胞の核を人の除核卵に移植してつくる。	移植用臓器をつくる研究
ヒト集合胚	キメラ	人の胚に、別の人の胚からとった細胞を注入する。	遺伝子治療の一手法として
ヒト動物交雑胚	新種	人の卵子に動物の精子を授精する、あるいは動物の卵子に人の精子を授精してできた胚。	胚作成には至らないが、精子の運動性試験として実施されている。
ヒト性融合胚	クローン	動物の除核卵に人の細胞の核を移植する。人の核は体細胞の核でもよい。	移植用臓器をつくる研究
ヒト性集合胚	キメラ	人の胚に動物の胚からとった細胞を注入する。	あまり現実性はないが、遺伝子導入・遺伝子治療の研究
動物性融合胚	クローン	人の除核卵に動物の細胞核を移植する。	核とミトコンドリアの機能調整の相互関係についての研究
動物性集合胚	キメラ	動物の胚に人の胚からとった細胞を注入する。	移植用臓器をつくる研究

十一「クローン技術　人クローン胚を作成する技術をいう」……この定義が、この法律の最大のトリックである。一般に、八「ヒト胚分割胚」、九「ヒト胚核移植胚」、十「ヒトクローン胚」のいずれもクローンという。前述したように、クローンとは遺伝的に全く同一の個体あるいは細胞の塊りであるという本来の言葉の意味にしたがえば、八の場合の、初期胚を分割して人為的に四つ子あるいは八つ子の胚を作った場合、および、九の場合にあたる、同一胚からとった核を同一ミトコンドリア遺伝子をもつ除核卵に挿入した場合がクローンである。いわゆる体細胞クローンは、細胞質中に存在するミトコンドリアが異なることになり、特別な場合を除いて該当しない。

ただし、哺乳類のクローン個体を作成している畜産分野では、核の遺伝子が同一の個体をクローンと呼んでいるので、いわゆる体細胞クローンも含めて三種類すべてがクローンと呼ばれる。ふつう、八にあたる場合を受精卵分割クローン、九にあたる場合を受精卵クローン、十にあたる場合を体細胞クローンといっている。それゆえ、クローンをつくる技術には、八の場合のように初期胚を分割する方法と、九、十の場合のように核を除核卵に入れる方法がある。ただし、八の受精卵分割クローンの場合には最高で数個のクローンしかつくれないので、多数のクローンをつくろうと思えば、核を除核卵に入れる、いわゆる九「ヒト胚核移植胚」、十「ヒトクローン胚」をつくる際の核移植の方法をとらざるを得ない。それゆえ、クローンを多数つくる技術としては、核を除核卵に入れる核移植技術ということになる。つまり、現在、哺乳類を用いたクローン実験研究の分野では、クローン技術とは細胞核を除核卵に移植することをいう、という定義となる。

いずれにしても、体細胞クローンを、しかも第二条の定義の十の人の体細胞クローンをつくることのみをクローン技術と呼ぶこととする、この法律の定義は奇異である。

キメラを集合胚と言い換え

十二「ヒト集合胚」……異なる二つの人の胚がまざりあって一つとなったキメラ（一五頁　図3）のことである。十五の「ヒト性集合胚」とは人の胚に動物核を持つ胚を混ぜいれてつくったキメラのことである。後でも触れるが、この十五の「ヒト性集合胚」は子宮に入れることを禁止されているが、十二の「ヒト集合胚」は禁止されていない。人と人とのキメラ個体なら生まれてもかまわないということのようである。

十三「ヒト動物交雑胚」……人の精子と動物の卵子、あるいは人の卵子と動物の精子が受精してできた胚のことである。現在、不妊治療の現場において、男性の精子の運動性（受精能力）のテストとしてハムスターの卵子の膜を貫通するかどうかという試験がおこなわれており、そこから、こういう人と動物の交雑胚がつくられ得るとの発想が出てきたものと思われる。ハムスターと人の受精卵の場合には、どちらの子宮に入れても個体にはならないだろうが、猿と人であれば個体が生まれる可能性はある。それゆえ、子宮に戻すことを禁止したと考えられる。しかし、人と動物の精卵子を受精させ交雑胚をつくるという試み自体が禁止されるべきであると私は思うのだが。

なお、この交雑胚の核をとり、その、核（半分ヒト、半分動物の核）をヒトあるいは動物の除核卵にいれてつくった胚、つまり核移植胚、も「ヒト動物交雑胚」に分類される。

ところが、一方、これら「ヒト動物交雑胚」をバラバラにして一個一個の細胞にして（これを胚性細胞という［第二条五］）動物胚に入れたキメラは、動物性集合胚［第二条二十］に分類される。動物性集合胚は子宮に戻して個体を作成じてもかまわない。

ヒト性とはヒトの核と動物の細胞質

十四「ヒト性融合胚」……繰り返しになるが、ヒト性とは核がヒト由来であるということ。融合胚とは、細胞（体細胞に限らない）の核を除核卵に入れてつくった胚のことであり、すなわち核移植技術でつくった胚のことである。だからヒト性融合胚とはヒトの核を動物除核卵に入れてつくったクローン胚全部を指す。ところが、第二条の十、十一でクローン胚とは体細胞クローンのみを指すように定義したのでここではクローンを使わずに、わざわざ「融合胚」という単語を創作し充てたものと思われる。法律の英訳文では作成手法である"fusion"（融合）の語を使わず、種類を表わす"hybrid"（雑種）を使用して、"Human-animal hybrid embryo"と名付けている。

十五「ヒト性集合胚」……ヒトと動物のキメラであるが、人の胚の中に動物の胚からとった細胞をいれた場合である。二十の「動物性集合胚」の方は、動物の胚の中にヒトの胚からとった細胞をいれた場合のキメラである。どちらの場合も、注入する方の細胞は、クローン胚でも交雑胚でももどのような胚からとった細胞でもいい。ヒト性と動物性の区別は、受け皿になる胚が人の胚か動物の胚かのちがいである。なお、受け皿の胚が人の胚の場合には、人の子宮に入れなければ着床せず、受け皿が動物の胚の場合には動物の子宮に入れなければ着床しないであろうと思われる。

十六「特定融合・集合技術」……これもあたらしい造語である。「融合」技術とは細胞核を除核卵にいれて胚をつくる核移植技術、「集合」技術とはキメラ胚をつくる技術の言い換えである。特定をつけるのは、融合技術においては人の細胞核を動物の除核卵に入れる場合、集合技術においては人の胚を受け皿側とする場合との限定である。そして、また、ヒト動物交雑胚をつくるのには核移植技術もキメラ作成技術も必要としない。人の卵精子と動物の精卵子とを体外受精させればよいだけであるから融合技術でも集合技術でもない。そこで、融合・集合技術とくっつけてしまって、これら三種類の人と動物からなる胚をつくる技術とまとめてしまったのである。だから、「特定融合・集合技術」とは「ヒト動物交雑胚、ヒト性融合胚及びヒト性集合胚を作成する技術をいう」ということになるのである。

動物性とはヒトの除核卵に動物の核

十九「動物性融合胚」……十四の「ヒト性融合胚」が人の細胞核を動物除核卵に入れてつくられ

たクローン胚であるのに対し、動物性融合胚は動物の核を人の除核卵に入れてつくられた胚をいう。この胚は子宮に戻すことが禁止されていない。

二十「動物性集合胚」……前項と同様に「動物性」とは、細胞を注入される受け皿側の胚が動物の胚である場合である。この場合、全体としての細胞の量、ひいては核の量が動物の方が多いので、動物の要素の方が強いという意味で「動物性」と呼ばれるのである。つまり、「動物性」とは動物の核の方が多い、「ヒト性」とはヒトの核の方が多いということなのである。

ここまで読まれて気分が悪くなった読者も多いことであろう。でも、もう少し、吐き気を抑えて付き合っていただきたい。

第三条、第四条は禁止および規制条項である。第二条で見てきた胚のうち、個体をつくることを防止する胚とはどんな胚で、場合によっては個体として生成されるかもしれない胚とはどのような胚なのだろうか。

子宮に戻さなければ胚つくりはＯＫ

第三条（禁止行為）であるが、「何人も、人クローン胚、ヒト動物交雑胚、ヒト性融合胚又はヒト性集合胚を人又は動物の胎内に移植してはならない」とある。個体つくりを禁止される胚は四種類、禁止の方法は胎内への移植、つまり子宮へ入れることの禁止である。

第四条には、第三条で子宮への移植を禁じられた胚も含めて全部で九種類の胚について、「人又は動物の胎内に移植された場合に人クローン個体若しくは交雑個体又は人の尊厳の保持に与える影響がこれらに準ずる個体となるおそれがあることにかんがみ」指針を定めるとある。

第三条、第四条からわかることは、まず第一に、九種類すべての胚（二三頁　表1）は文部科学大臣が定める指針に従って作成し、譲渡し、輸入し、実験研究に使うことが出来るということ。第二には、このうちヒト胚分割胚（胚分割クローンのこと）、ヒト胚核移植胚（受精卵クローンなど体細胞以外の核を入れたクローン）、ヒト集合胚（人と人のキメラ）、動物性融合胚（動物の核を人の除核卵にいれたクローン）および動物性集合胚（動物の要素の方が強いキメラ）の五種類の胚については子宮に入れることは禁止されていないということである。場合によっては、子宮に入れられ、個体として生まれてくることもあり得るのである。その場合とは、おそらく、いや、まちがいなく、治療目的の場合である。

どういう研究がされるのか

では、次に、どのような実験がなされるのか考えてみよう。

文部科学大臣の定める指針がまだ発表されていないので、どのような胚の作成や研究が規制されるのかについては、現段階では推察の域を出ないことをまず断っておきたい。だが、以下に述べる研究は、早晩、実施されると思われる（指針案は、二〇〇一年六月二三日発表された。指針案および当面の研究については、第8章において検討する）。

まず、移植用臓器をつくる研究が考えられる。これは今では再生医学と呼ばれている。胚性幹細胞（ES細胞……この法律では、単に胚性細胞と呼ばれる［第二条五］）とクローン（核移植）技術を用いれば、拒絶反応をおこさない移植用組織をつくることが可能となる。移植される人の体細胞クローン胚をつくり、その胚からES細胞をとって培養し、組織に分化させればいいのである。脳の神経細胞や肝臓細胞あるいは膵臓《すいぞう》の細胞などは、臓器としての形態をとらなくても機能するだろうから、このやり方で細胞移植が可能であろう。

法律で、人クローン胚作成を禁止しなかった理由は、ここにある。もっとも、拒絶反応のない臓器移植が可能になるのだったら結構なことではないかと思われる方も多いことであろう。しかし、本当に、人のES細胞から脳や肝臓あるいは膵臓の細胞がうまく作れるのか、その可能性についてはわからない。また、もし、そういう組織細胞ができたとしても、患者の体内に移植後もずっと組織細胞としての特性を失わずに存在しつづけるのか否かについては疑問で、移植後、体内で癌化してしまう恐れや異常増殖をおこしてしまう恐れは十分にある。こういう安全性の問題についても、遺伝子治療と同じく、人で試していくのであろう。動物で知見を集めずに、いきなり人で実験研究が行なわれる分野がまたひとつ増えたわけである。

心臓や腎臓など、臓器としての形態をもつことが機能に不可欠な場合には、胚を子宮にいれて個体をつくり、その個体から臓器を得るしかない。どのようにしてつくるのかというと、人の体細胞クローン胚からつくったES細胞を動物（たとえば豚）の胚に注入してキメラ（二種の細胞が混在している状態（二五頁　図3））胚をつくる。法第二条の二十「動物性集合胚」の作成である。その胚を豚の子宮に戻してキメラ子豚を得る。そのキメラ子豚から臓器をとって人に移植するという方法である。キメラ胚をつくるとき、ES細胞の注入時期や部位や細胞数などを工夫すれば、目的とする臓器にヒトの細胞が集中するようにし、それ以外のところはほとんど豚というキメラ個体をつくることも不可能ではない。

また、注入する細胞はES細胞でなくてもよい。当面は、入手が容易な余剰の受精卵から作られる胚（法第二条の六の受精胚、八のヒト分割胚、九のヒト胚核移植胚など）やヒト動物交雑胚（法第二条の十三）、ヒト性融合胚（法第二条の十四）、ヒト性集合胚（法第二条の十五）などの胚の細胞が注入される側の細胞として使われるであろう。法第二条二十「動物性集合胚」にみられるように、こうして作られたすべてのキメラ胚は動物性集合胚と分類されており、さらに、法第四条により、子宮に入れることができる胚である。

なお、こういう、動物をつかった臓器移植の場合、動物が持っていた、人にとっては未知のウイルスが人体に侵入することが考えられ、将来、どういう被害がおこるのか予測不可能であるという問題がある。新種の胚、組織、個体をつくることは、すなわち、新種のウイルスをつくることでもある。

遺伝子治療の一手法ともなる

前述の細胞移植の方法は遺伝子疾患の治療に用いることもできる。今行なわれている遺伝子治療の試みは、甘く見ても世界中で二例しか効果がなかった〝治療〟とは呼べないものであり、人個体を構成している細胞に遺伝子がはいるかどうかを試してみた人体実験というのが正確なところである。現在、日本では、〝重篤な疾患を対象とする〟という規制をはずして、生活習慣病にも遺伝子治療を行なうことが出来るようになっているが、それは治療効果が期待できるからではない。実験対象疾患を拡大しただけである。

個体を構成している体細胞には遺伝子は、まず、入らない。そこで、当該の患者の体細胞はそのままにして、その横に正常の機能をする細胞を入れて共存させるようにするのである。入れた細胞がうまく共存さえすれば、現在の遺伝子治療対象疾患である嚢胞性繊維症など、特定の酵素がつくれない疾患の有効な治療方法となるだろう。こういう細胞移植を目指した研究がES細胞を用いて開始されようとしているのである。

この細胞移植は、人に実施されるようになれば、すぐに胎児にも試みられるようになるだろう。胎児がこういう遺伝疾患にかかっていることがわかったときには、余剰胚からとった細胞（胚性細胞）あるいはES細胞（これも、この法律では胚性細胞に分類される）を胎児の組織に注入するという胎児治療が試みられることであろう。そして、その試みは、できるだけ早い段階へ、すなわち、胚の段階へとすすむであろう。キメラ作成にみられるように、胚（胚盤胞の時期）が最も成功率が高いと思われるからである。それゆえ、細胞移植は、必然的に〝胚の治療〟に行き着く。胚、この法律で言うところの〝受精胚〟の治療である。治療方法は正常機能を持つ胚細胞を注入してキメラ（集合胚）をつくることである。

この法律において、ヒト集合胚の個体つくりは禁止されていない。将来、こういう胚が作られ個体つくりが試みられることがすでに想定されているのである。

治療目的なら個体つくりは認められる？

個人への治療としての細胞移植には期待を持たれた読者も、胚への治療については拒否感、一線を越えたような違和感を持たれるであろう。しかし、医療研究の世界では一直線につながっており、そういう研究にたずさわっている人たちの感覚は、すでに、かなり一般の人とずれてしまっていると言わざるを得ない。もうひとつの例をあげよう。ミトコンドリア遺伝子異常についてである。

ミトコンドリアは細胞の中にあるエネルギー産生をおこなう小器官で、独自の遺伝子を持っている。このミトコンドリア遺伝子は、卵子の中にあったものが増えて受け継がれていくという母系遺伝である。そして、このミトコンドリア遺伝子はよく変異をおこすらしい。おきた変異のうち細胞の代謝活性に支障を生じるような影響がある場合がミトコンドリア病である。

ある女性のミトコンドリアが異常であった場合には、その女性の卵子にも異常ミトコンドリアが受け継がれるので、卵子の核（あるいは体外受精させた受精卵の核）を抜いて、別の健康な女性の除核卵に入れてミトコンドリア病のない子を得ようということが考えられている。この場合、移植する核は体細胞の核ではないので人クローン個体の産生にはあたらないとのことである。

科学技術会議生命倫理委員会クローン小委員会（平成一〇年一月二三日設置）から「クローン技術に関する基本的考え方」という中間報告が出た時点で開催された衆議院科学技術委員会（平成一〇年九月三〇日）において、クローン小委員会委員の豊島久真男氏（厚生科学審議会会長、学術審議会委員）は、「それで万一、将来、医療への応用があるといたしますと、……（略）……ミトコンドリア病に関するものでございます。……（略）……ミトコンドリア病の家系をそこで治すことができる。可能性だけでございますが、それが将来考え得る一番大きなポイントと考えられております」と述べている。

また、クローン小委員会委員である町野朔氏の主宰する「人クローンに関する法律問題委員会」の報告書（平成一一年四月一九日）においては、「なお、核移植を伴うという点で人クローン個体の産生と類似する事例として、ミトコンドリア異常症の母親が正常な実の子供を得るケースがある。しかしこれは、通常の受精により生み出された受精卵の核を除核した健常な卵に移植するというものであり、複数の同一の核遺伝子を持つ個体を生み出す結果には至らないから、人クローン個体の産生をもたらすものではない」とミトコンドリア遺伝子治療のための卵核移植を肯定している。

しかし、実際に、このような核移植をおこなうとしたら、核移植胚を戻す子宮は除核卵を提供した女性の子宮であろう。その方が着床しやすいし、女性も健康であるから妊娠の継続も可能と思われるからである。なお、この方法はミトコンドリア病の個人を治す方法には、決して、なりえない。ミトコンドリアは体のすべての細胞に数百個ずつ存在しているのである。それらのミトコンドリアの遺伝子を正常のものと置き換えることは不可能である。この場合の治療というのは、次世代へ異常ミトコンドリアを受け継がせないことを指している。このように、この法律では、医療用資材としての卵子の提供・使用も、また、次世代への遺伝子改変の是非についても、議論を飛ばして容認してしまっている。

不妊治療の一環として

現在、体外受精の場合、十分な数の卵子が採れないことが多い。それを補うために、八「ヒト胚分割胚」あるいは九「ヒト胚核移植胚」を作成し、複数個子宮に戻すことが考えられる。八、九ともに、この法律では人クローン胚には該当しないし、また、同時に子宮に入れるので「特定の人と同一の遺伝子構造を有する人」にも該当しないので、法にふれない。体外受精での妊娠効率を上げる方法として用いられることであろう。

次におこなわれるのは、卵の若返りである。女性は高年齢になると卵子も年をとった状態となり、成功しにくくなることが知られている。その卵の老化は、細胞質中にあるミトコンドリアが加齢に伴って機能不全（おそらく、ミトコンドリア遺伝子にも異常が起こっているのであろう）をおこしているからであろうと考えられている。そこで、若い健康な女性の卵子から細胞質を抜き出して、高齢女性の卵子に注入するという方法が考えられ、すでに米国では実施されてしまった。

前述のミトコンドリア病の次世代への伝播防止の方法とちがうのは、核も卵膜もそのままで、若い卵の細胞質を入れただけであること。だから、高齢女性の子宮に戻して着床し個体が生まれれば、ほとんど実の子である。

しかし、この場合、どうして注入した女性のミトコンドリアが排斥されずに細胞質に生着し、元来のミトコンドリアと混在して増殖できるのかという疑問が残る。通常、精子のミトコンドリアは受精のときに卵子の中に進入しても排出されてしまうのに、他の卵子のミトコンドリアは排出されず分裂増殖するのはなぜであろう。おそらく、この疑問を解くためにも、この卵子へのミトコンドリア注入実験は推進されるであろう。

なお、ミトコンドリア提供側の卵子は、細胞質を抜かれてしまい、もはや受精しないので、廃棄されるかあるいは動物の卵の細胞質を注入されて核とミトコンドリアの機能の相関についての研究に用いられるのであろう。

また、この、若い女性の卵の細胞質を注入する方法でできた子に高率でX染色体に異常がみられるとの報告があり、染色体異常のおこる仕組みの研究にも用いられることであろう。生まれた子は障害があってもなくても、もちろん、研究対象である。

患者細胞株の樹立

個体を作らない実験では、もっと自由にいろいろなことがおこなわれるだろう。現在、実験動物でおこなわれていることはすべて人の細胞でもおこなわれると考えてまちがいない。

まず、疾患モデルとなるヒト細胞をつくる（細胞株の樹立という）試みがどっとおこなわれるようになる。筋ジストロフィー、アルツハイマー病、糖尿病など、それぞれの疾患患者の体細胞から核をとって人あるいは動物の除核卵にいれて胚をつくり、その胚から胚性幹細胞（ES細胞）をつくることができれば、疾患がおこる仕組みや薬の作用についての基礎的研究にひっぱりだこになるだろう。いわゆる難病と呼ばれる厚生労働省指定の特定疾患だけでも四四疾患あり、その他にも癌や高脂血症といった生活習慣病など、疾患モデル細胞株をつくりたい疾患はいくらでもある。そして、細胞株が樹立されれば、ちょうど、Hela細胞（ある女性のガン細胞から樹立された細胞株）が癌研究に利用されてきたように、研究に広く利用されることはまちがいない。

さらに、これらのヒト細胞株は、医薬学研究だけでなく、環境汚染の研究などにも利用されるだろう。いろいろなヒトES細胞（この法律では第二条四の胚性細胞に分類される）の汚染物質に対する感受性や反応を調べ比較することによって、健康被害の発生のメカニズムも解れば、人によって受ける影響のちがいも判るようになる。

このように、医学、生物学、薬学、環境科学など、あらゆる分野でヒトの細胞株を用いた研究がおこなわれるようになる。それらの研究の中には大半の人が容認できる研究もあれば、無意味としか思えない研究やマッドサイエンスと思われる研究もあるだろうから、ふつうなら、どのような研究なら許されるのかを論議して、基準をつくり、それに沿って研究が適正におこなわれているかどうかを監督する機関を設置することを考えるであろう。ところが、この法律では、研究に縛りはかけないようである。どのような研究なら社会的に許容されるか否かを全く議論せずにあらゆる研究が可能なように立法化されたのである。

欧米では……

外国では、人の胚を用いた研究は自由なのであろうか。諸外国の状況は、第7章に詳しく書かれているので、ここでは概略を述べたい。橳島《ぬでしま》次郎氏「人胚研究の公的規制の現状と動向」（科学技術会議ヒト胚研究小委員会第三回委員会発表。一九九九年五月十二日）を参照して見てゆきたい。

人の胚の研究利用に関して特別法を設けているのは、アメリカ合衆国（予算法の一規定（一九九六年）、ドイツ（「胚保護法」（一九九〇年）、スペイン（「人胚及び胎児提供利用法」（一九八八年）の三国である。イギリス、スウエーデン、オーストリア、フランス、デンマーク、オーストラリアでは、生殖補助医療全般の管理法の中で胚研究を規制している。

規制対象の「胚」の定義が国によって異なるのであるが、その点は櫛島氏の著書（有斐閣二〇〇一年刊行）にゆずるとして、人胚の研究が一切禁止されているのは、ドイツ、オーストリア。フランスでは、人胚研究は原則禁止、例外的に胚を侵害しない研究のみ保健大臣の許可制となっている。イギリスとデンマークは国の機関による審査許可制をとっている。またスペインは、診療目的の研究は公認施設でのみ可、研究目的の計画は医学機関または国の許可制としている。スウェーデンでは法的には同意などの条件規定のみで、許可制等の規制はない。オーストラリアでは指針で人胚の研究利用には施設倫理委員会の審査を求めており、胚を壊す研究は例外的にのみ可と制限している。また、アメリカはクリントン政権下では予算法で人胚研究への連邦政府の研究助成金支出を禁じていた。ブッシュ政権になってからの二〇〇一年七月三〇日、下院は人クローン胚の作成を禁止する法案を可決した。上院で可決されれば、ブッシュ大統領は胚作成禁止を支持しているので、法として成立することになる。

クローン個体作成に関しては、どうなのであろうか。その前提となるクローン胚作成に関して禁止や制限を設けて個体作成を防止しようとする方法がとられている。イギリスでは「クローン」を「胚の細胞の核を、人、胚、または胚の発達したものの細胞から取られた核と入れ替えること」と定義し、クローン胚作成を原則禁止としているが、二〇〇〇年一二月、法を改定し、ES細胞研究等に用いることを可能にした。ドイツは「他の胚、胎児、人と同じ遺伝情報を持つ人の胚が生まれる事態を人為的に引き起こす」ことを「クローン」と定義しクローン胚作成を禁止している。フランスでも、「ほかの生きている人または死んだ人と同一のゲノムをもつ子どもまたは人の胚を、生まれさせ、あるいは発生させることを目的にしたすべての施術は禁止される」とし、胚作成から禁止対象にしようとしている（一九九九年一一月公表の生命倫理法改正案素案）。デンマーク法なども、人クローン産生につながる行為、と幅広く禁止対象をとっている。アメリカでは、前述したように胚作成から禁止対象にしている。

欧米諸国の規制の方法は、国によって違いはあるものの、クローン個体産生を防止するために胚の作成段階から規制をおこなう方法であるが、これに対して、日本の法律は、「母胎に移植する」ことだけを禁止対象にしている。日本の法律ではどのような胚をつくることにも、研究にも、法律では制限は設けない。法律ではできるだけ縛らずに、指針でもって規制しておき、指針を緩和してゆくというやり方である。研究には支障がないように配慮された、日本独特の〝かしこい〟やり方である。

忘れられている卵子の採取

核移植でクローンをつくる場合、必ず除核卵が要る。除核卵をつくるには未受精卵が要る。つまり、女性の体から卵子を採取しなければならないのである。女性の体から卵子を採取する場合は、現在のところ、体外受精をおこなうときに限られている。つまり、治療現場から卵子をもらってくるわけである。この核移植に用いる除核卵は、未受精卵の核を抜いてつくられるので、卵の過剰採取がおこなわれるようになる。体外受精の採卵の際には、一、二割は受精に適さない未成熟な卵が混じるということなので、はじめは、これら不要卵を使って研究がおこなわれるであろう。しかし、そのうちに研究に必要な数を確保するために治療現場での卵の過剰採取や研究目的だけの卵の採取がおこなわれるようになる。これは、提供者の同意があればよい〟とか〝無報酬であればよい〟といった提供する側の問題ではない。それ以前に、その研究に人の卵子を使用しなければならない必要性が存在するのかという検討、また、人の卵子を研究使用することによって引き起こされる問題に関する議論をするべきであった。

議論なしの早急な立法化決定

この法律は女性の意見を全く聞くことなく立法化された。国民の意見も、女性の意見も障害者の意見も聴取していない。少しでも聴いていれば、このような非人間的な法律は成立していなかっただろう。だからであろう、科技庁は「早急に法規制が必要」との理由で無理押しをしたようである。

文部科学省のホームページに「クローン技術規制法について」という説明のページがある。その（1）成立までの経緯の中に、平成一二年「五月に行われた参考人質疑において早期の法規制が必要であることが示された」とある。そのときの議事録をみると、参考人岡田善雄氏がクローン小委員会の委員長として「ヒトクローン個体等の産生を禁止する法律に位置づけして早急に整備するということを決定したわけであります」と述べ、最後に「これは生殖医療というものと同一視してはいけないと私は思っておりまして、クローン人間の産生を早期に規制するということが必要であろうということであります」と締めくくり、質疑のところで松浪健四郎議員が「今のお話をお聞きして、ヒトに関するクローン技術等の規制に関する法律、これが一日も早くできるように願うものでありますし、そのために、微力でありますが協力をさせていただきたい、こういうふうに思います」と支持している。このことを指して早期の法規制が必要といっているのである。

しかし、このとき出席していた別の参考人、光石忠敬氏は、「第四の懸念は、ルール形成過程の不透明さです。クローン法案では、法律による禁止と指針による規制という方法の区分けは極めて重要な意味を持っています。ところが、法案の公開がおくれましたし、指針案はその骨子すらまだ公開されていません。法案公開前の説明資料には幾つものバージョンがありまして、説明する相手によって、『指針で抑制（当面禁止）』それから『指針で規制（当面禁止）』『指針で禁止』など、今わかっているだけでもこういったようなバージョンが器用に使い分けられています。法案を準備した人たちは一体何を考えていたのかいなかったのか、私には不可解です。もともとクローンの定義については、小委員会で類似のクローンの容認を前提とする考え方が出てきたのですが、それが退けられたという経過があるようです。にもかかわらず、再び小委員会の議論を経ることなしに法案となってこの考え方が復活してきた。これは公正な審議からはほど遠いものと批判せざるを得ません」と言い切り、また、同氏は、質疑のところでも「人間の尊厳を守るのであれば、少し有用な研究であるというぐらいのことで簡単に覆されるということは、それは背理ではないか。何が人間の尊厳に反するのかというところの議論がまだ尽きていない」と批判しているのである。

こういう批判は無視して都合のいいところだけを取り出し、「五月に行われた参考人質疑において早期の法規制が必要であることが示された」と書いてしまう文部科学省には驚きあきれるばかりである。（傍点筆者）

第2章　人クローン規制法はなにをしたのか

福本英子

人クローン規制法の成立

人クローン規制法と通称される法律が作られた。タイトルをきちんと書けば「ヒトに関するクローン技術等の規制に関する法律」である。

二〇〇〇年秋、第一五〇回国会に政府が法案を提出して、一一月三〇日に国会を通り、一二月六日に公布された。全面施行の期日は二〇〇一年一二月六日だが、主要部分が六月六日に施行された。文部科学省所管の法律である。九七年春にイギリスで体細胞クローンによる羊が誕生したことを発端に、科学技術会議で政策審議が始まり、その提言を元に立法された。法案の骨格を作ったのは旧科学技術庁（現文部科学省）である。

人クローンを作ることを禁止するのが目的だと説明されてきた。立法の過程で政府は一貫してそのように説明してきたし、マスコミもそこに焦点をあてた報道をしてきている。だから今でもこの法律を〝人クローン禁止法〟だと思っている人は少なくない。おそらく議論らしい議論をしないまま賛成多数で法案を通した国会議員も、その点は同じだろう。

しかしこの法案のねらいはそこにない。これは〝人クローン禁止法〟などではないし、本当は人クローン規制法でさえないかもしれない。

政府の立法のねらいは、ヒトES細胞の作成研究をスタートさせ、その使用研究に法的裏づけを与えることと、その材料になる各種ヒト加工胚の作成、譲受、輸入等を法律で保証することにあった。そして法律はそのように作られた。と、とりあえずいってしまっていいだろう。つまりこれはヒトES細胞〝解禁法〟なのであり、そのためのヒト胚加工容認法なのである。

たしかに法律はクローンその他の発生操作技術を使って人の個体を作ることを、罰則付きで禁止している。これに違反した場合は一〇年以下の懲役か一〇〇〇万円以下の罰金、またはその両方を科すことになっている。けれどもその対象になるのはごく一部であって、大部分は禁止されてはいない。しかも胚を加工することについては、個体作りを禁止されたものも含めて、すべて禁止の対象外である。いいかえると、胚を作ることは違法行為ではなく、個体作りも特別なものを別にすれば違法でないのである。禁止の対象はごく狭い範囲に限定されているのだ。

しかも法律は禁止対象外にした加工胚について、その扱いを文部科学大臣が管理監督することにして、そのための指針を法律とは別に定めることを規定しており、その規定に法律本文スペースのほとんどを当てているのである。本文二〇カ条のうち、お定まりの冒頭の「目的」と「定義」を示した二カ条を除いて一八カ条。そのうち個体作り禁止に関係するのは第三条「禁止行為」とその罰則を定めた第一六条と、たったそれだけで、残り一六カ条がすべて胚の取り扱い指針に関するものである。さらに用語の「定義」をこと細かに並べた第二条は、これ一カ条だけに本文全体の半分ものスペースをあてるという異様に力のはいったものだが、あげられたのは、大部分が法律条文に一度も出てこないことばである。

こうした材料が、本意は胚のほうにあること、すなわち胚の加工と利用に道をつけること、そのために指針作りに法的根拠を与えることにあることを物語っている。最低限度で個体作りを禁止したのも、そのために避けられない手段なのだろう。

しかも抜け道もある厄介な法律である。ある意味では犯罪的といえるかもしれない。条文に即してもう少していねいに見てみよう。

「特定胚」というしかけ

胚を法による禁止の対象からはずすしかけは巧妙である。

まず現在ある胚加工の技術と加工に使われる材料を、動物材料まで含めて全て拾い出し、その両者の組み合わせパターンを、変型・亜型も落とさず洗いざらいピックアップした。そしてそれによって生成可能な加工胚を一〇種類に整理した。この作業の結果をまとめたのが第二条「定義」なのだが、添えられた補足の一覧表には、どんな変型も見落とさない緻密な作業の跡と執念が現われていて、驚くよりも先に背筋が寒くなる。この法律が科学に縁のない一般の人々にほとんど解読不可能だとされる理由はここにある。私自身わざわざ科学技術庁まで教えを乞いに行って、ようやくその意味が理解できたのだった。ここはまた科学者に、ああ、そういうやり方もあったのかと気づかせる役割を結果的に担ってしまっているともいわれている。

次に整理した一〇種類の加工胚に以下のように名前を与え、さらにそこから①を除いた九種類を「特定胚」という語でまとめた。すべて辞書にもない、この法律のためだけの造語である。

①ヒト受精胚　②ヒト胚分割胚　③ヒト胚核移植胚　④人クローン胚　⑤ヒト胚集合胚　⑥ヒト動物交雑胚　⑦ヒト性融合胚　⑧ヒト性集合胚　⑨動物性融合胚　⑩動物性集合胚

①がふつうの体外受精胚である。これが「特定胚」から除外されたことに注意する必要がある。③が受精卵クローン胚、④が体細胞クローン胚である。「集合胚」はキメラ胚、「交雑胚」はハイブリッド胚、「融合胚」は人と動物の材料を使った場合の体細胞クローン胚を指す。⑤以下が人と動物と両方混じったもので「ヒト性」とつくのが人の要素が、「動物性」は動物の要素がそれぞれ優勢なことを指すようだ。

ここまでが準備作業である。

さて、こうしておいて、いよいよ個体作り禁止をうち出す。禁止したのは体細胞クローン個体と、人と動物の交雑個体だけだが、ここで「特定胚」という苦心の整理わくが活かされる。禁止の内容は個体ではなく胚を扱う行為として表わされるのである。第三条「禁止行為」はこう書かれる。

「何人も、人クローン胚、ヒト動物交雑胚、ヒト性融合胚又はヒト性集合胚を人又は動物の胎内に移植してはならない」（傍点筆者）

胚の扱いにすれば、禁止されるのは九種類の「特定胚」のうち、人クローン胚、ヒト動物交雑胚、ヒト性融合胚、ヒト性集合胚の四種類になり、しかもこれの人や動物への胎内移植（子宮移植）が禁止されるのである。子宮移植さえしなければ、個体にならない道理だが、ではこのことが実際に何を意味するかというと、ひとつは、体外受精や胚分割や受精卵クローンで子供を作ることはかまわない、少なくとも違法行為ではなく、さらにたとえば動物の胚を女性の子宮に入れて個体を作ることや、動物の胚と人の体外受精胚やクローン胚をあわせたキメラ胚を女性の子宮に入れて個体を作ることも禁止されないということである。

もう一つは、胚を作る行為が体外受精まで含めてすべて除外されて、禁止対象外になったということである。今ある発生操作技術を使ってどう加工しても、法律上はかまわないのである。「胎内に移植してはならない」という切り方で子宮移植から先だけ禁じたのはそういうことで、このしかけはおみごとというほかない。

「特定胚」のからくり

法律はこのあと続く第四条「指針」で、第三条で除外した胚の取り扱いについて定めるのだが、ここで「特定胚」という科学技術庁創作語が意味を持ってくる。

条文は先にあげた②から⑩までの「特定胚」をすべて並べて「文部科学大臣は……特定胚の取り

扱いに関する指針を定めなければならない」と書かれている。これは「特定胚」九種類については、指針による文部科学大臣の管理監督下でその取り扱いを認めるということである。胚の「取り扱い」とは「作成、譲受又は輸入及びこれらの行為後の取り扱い」のことを言うのだそうで、つまり「特定胚」を作ること、譲り受けること、海外から輸入することと、その胚を子宮に入れずにものを作るのに使うことや壊すことなどだが、ここから読みとるべきことが三つほどある。

一つは体外受精胚を除く全ての体外加工胚について指針下でそれらの行為を認め、文部科学省の管轄下にこれを置いたということである。もう一つは、第三章で子宮移植を禁じた人クローン胚、ヒト動物交雑胚、ヒト性融合胚、ヒト性集合胚の四種類についても、将来、個体作りにつなげる余地を残したということである。子宮移植を禁じながら、胚の作成その他の行為は認めたのだからそういうことになる。四種類の胚も〝永久追放〟ではないのである。

それからもう一つは、体外受精胚の取り扱いを指針による規制の対象からはずしたということである。体外受精胚はこれまで不妊医療のために作られ、子供（個体）を作るのに広く使われてきたものである。その取り扱いは日本産科婦人科学会の自主的な判断にまかされてきているが、医療行為だから所轄官庁は厚生労働省にある。「特定胚」という枠を持ってくることによって、その体外受精胚が自動的に指針による規制の対象からはずれ、文部科学大臣は関わりないことになるのである。

したたかな計算というべきだろう。こうしたからくりを政府は国民に（たぶん国会にも）全く説明してこなかったのである。

人の胚で工業製品を作る

しかしなぜ政府はわざわざ胚の作成その他の取り扱いを個体作りから切り離して、禁止の対象からはずしたのだろうか。

それは人の胚に子供を作るだけではない新しい使い道ができたからである。新しい胚加工の技術が産み出されて、胚それ自体に実用上の価値が発生したのである。いいかえれば、人の胚に産業資源としての価値が発生したということで、今、世界の工業先進国は、これをヒトゲノムに続く有望な資源と見て、先を争って開発しようとし始めている。日本もその戦列に加わって、いっときも早くヒト胚資源開発に着手しようというのが政府のもくろみなのである。となれば、どうでも胚利用の道はあけておかなくてはならないのである。

にわかに信じにくい事態だが、人の胚に産業資源としての価値を発生させたのは、ヒトES細胞(胚性幹細胞)であり、その価値をもっと高めたのは体細胞クローン技術である。

ES細胞は未分化胚細胞の持つ全能性を保持したまま、無限に増殖し続けるとされる特異な培養細胞である。体外受精胚から作られた受精後七日目頃の胚を壊して未分化幹細胞をとり出し、特殊な条件で培養して作るのだという。ネズミでは八〇年代半ばに作られていたが、人では九八年にアメリカのジェロン社という民間バイオベンチャーの研究資金で初めて樹立された。

ほとんど受精卵のがん細胞状態といってもいいこの奇妙なES細胞が、なぜ人の胚に資源価値を発生させるかというと、ここからさまざまなものが作り出せるからである。しかもそれが必要なだけいくらでも増やせるからである。今のところ注目されているのは細胞移植用の脳細胞や肝細胞、心筋細胞、血液細胞など人の体細胞と、臓器移植用の臓器などで、停止状態の分化をある条件で特定の方向に誘導してやることによって、狙いの細胞に変えることができ、それを工業規模で生産できるとされている。つまり移植その他に使える人の生体材料を工場で量産して商品化することが可能なのである。

子供を作るためだけにあった人の胚が工業製品を産み出すなどということを、わずか二年半前まで誰が想像できただろうか。

しかしそれだけではない。ジェロン社は体外受精胚を材料に使ったけれども、ES細胞は体外受精胚でなくても、クローン胚からでもキメラ胚からでも動物材料を混ぜた胚からでも、人の細胞核を持つものならなにからでも作れるという。なかでもクローン胚は便利な材料だそうで、自分のクローン胚でES細胞を作れば拒絶反応のない移植用材料を作ることができるなどと効能が語られたりしている。ヒトES細胞は、これまで人には使われることのなかったクローン技術その他の発生操作技術にも新しい使い道を与えた。そしてこれによってヒトES細胞の用途は飛躍的に拡がるのである。

おそらく、ヒトES細胞の潜在能力は、現在巷で語られている程度をはるかに超えているだろう。種々の発生操作技術や遺伝子技術その他を動員して、たとえば新薬の抗がん剤や生殖細胞遺伝子治療用医薬や発生・成長コントロール薬、あるいは実験用・工業用試薬や健康食品など多様な工業製品を産み出すかもしれない。もちろんこの細胞が本当に使いものになるとしての話である。

そうであれば、人クローンを禁止するためにわざわざ胚を作るところまで丸ごと法律で禁止してしまう手はないのである。

ヒト胚論議は回避された

けれども、相手は人の胚である。胚を作るのに卵子や精子が必要だからそれを含めて人の生殖細胞だといってもいい。これを産業利用しようとすれば、即座に人の生殖細胞の産業利用は許されるか、という問題が立ちあがってくる。そしてこれが人の生殖細胞とは何で、どこまで利用していいかという、より一般的な問いを引き出して、生殖細胞の取り扱いはどうあるべきかという問題をつきつけられることになる。

この問題は、欧米各国では体外受精胚の生殖補助医療への利用などをきっかけに議論がおこり、胚についてはすでに規制法を作るなどの方法で答がだされているという(第7章参照)。しかし日本はこれについて公的な議論は一度も行なわれておらず、したがって国による規制は全くない。前記した日本産科婦人科学会の自主規制で、不妊治療以外は「生殖医学発展のための基礎的研究」と「不妊症の診断治療の進歩に貢献する目的のための研究」に限って取り扱うことができるとされているだけである。（「ヒト精子・卵子・受精卵を取り扱う研究に関する見解」一九八五年）。

政府は英国でクローン羊が誕生した年、九七年の秋に、科学技術会議に生命倫理委員会を新設し、「クローン小委員会」を設けて人クローン問題の検討を始めていた。この段階ではクローン技術は実用上は個体を作る技術でしかなかったから、クローン小委員会の検討課題は、この技術の人への応用を禁止すべきか、禁止するとしたらその方法は法律にすべきか、行政指針がいいか、というだけの単純なものだった。しかし翌年、ヒトＥＳ細胞が出てくると、胚利用の問題が重なって、検討すべきことは拡がって複雑になる。そこで、生命倫理委員会はクローンから胚利用の問題を分離し、別にもう一つ小委員会を作って、ヒトＥＳ細胞とあわせてこの小委員会で審議することにした。

当然ここで、人の生殖細胞の取り扱いはどうあるべきかという、放置されたままの問題に答を出すための作業がなされなければならなかっただろう。生殖補助医療のあり方から新しく出てきた産業利用とその前段階で必要な研究への利用まで含めて、根本から洗い直し、検討がなされる必要があった。

しかし、そうはならなかった。生命倫理委員会はそれを回避したのである。

新しい小委員会につけられた名前は「ヒト胚研究小委員会」である。この名をつけることで、検討範囲は「胚」と「研究」に限定されて、最初から卵子、精子は省かれており、産業利用の是非の問題もカットされていた。残る胚の研究利用については、委員の中に、生殖補助医療のことも含めて包括的な議論をすることが先で、そうでなければＥＳ細胞の問題に答は出せないと主張する人たちが、少数だがいた。その主張を巡って激しい応酬があったが、しかし委員会の大勢は受け入れず、この問題に踏み込むことはなかった。

結局クローン小委員会は、人クローン個体の産生は法律で禁止するのが妥当であり、個体を産生しないクローン胚の研究についてはヒト胚研究小委員会の検討に任せるべきだと結論した。これを受けたヒト胚研究小委員会は、生殖細胞の取り扱いに関する包括的な検討を逃げたまま、ヒトＥＳ細胞の作成研究と使用研究を一定条件下で認め、その条件を定めた指針を作るべきだと答をだした。クローン胚の作成と使用については、個体を禁止する法律で指針作りを定めてその指針下で認めることにし、キメラ胚とハイブリッド胚も個体の作成は同じ法律に禁止を盛りこみ、指針で胚の作成・使用を規制することにした。

こうして二つの小委員会の結論をもとに、科学技術庁がたたきあげの作業をして、ＥＳ細胞の作成・使用と生殖細胞の産業利用を前提にしたヒト胚加工・利用容認法、もっと直截にいえばヒトＥＳ細胞推進法が作られたのだった。

生命倫理委員会は二〇〇〇年三月に発表したヒトＥＳ細胞に関する最終的な報告書で、「ヒト胚研究について包括的に掘り下げた検討は行なわなかった」と書き、これについて今後議論を深めていくことが必要だと書いてはいる。けれどもその作業をずるずると引きのばしたまま、法律を作ってしまったのだった。

ヒトＥＳ細胞〝解禁〟に向けて

ではなぜ人の生殖細胞そのものについての基本的な議論を避けたのだろうか。

一つは急いだからだろう。ヒトＥＳ細胞〝解禁〟を急ぎ、そのために必要な規制の枠組み作りを急いだ。お定まりの国際競争に出おくれるな、というやつで、何年かかるかわからない議論をしているヒマはなかった。だからあれもこれも切り捨てて、ＥＳ細胞研究ひとつで走ったのである。特に政府が二〇〇〇年度にミレニアム・プロジェクトをスタートさせることを決めてからあと、猛烈なスピードでことが進められてきた。生命倫理委員会が九九年度末審議終了をめざしてヒト胚研究小委員会の作業を急がせ、政府が国会の法案審議を急がせ、文部科学省がヒトＥＳ細胞研究指針の作定作業を信じがたい強引さで進めた。

国の二〇〇一年度科学研究費補助金制度で新設された「基盤研究（Ｓ）」は、一課題一億円で研究期間五年という大ものだが、どうやら文部科学省はこの研究費枠でとりあえずヒトＥＳ細胞の作成研究をスタートさせる気のようだ。二〇〇一年度予算案がまだ国会を通ってもいないうちに、日本学術振興会が三月二三日締切りで課題の公募を始めているのである。

もう一つは、産業利用の問題を避けたかったからである。生殖細胞の取り扱い全般についての包括的な議論を始めれば、いやでも産業利用の是非の問題に踏みこまざるを得なくなり、それによって人の生殖細胞に資源価値が発生している事実に国民が気づくことになる。それはまずいのである。体細胞クローンの時、人が複製されることへの一般の恐怖を鎮めてこの個体複製技術を医薬品工業や畜産業に活用していくために、米政府が素速く人クローン禁止をうち出し、日本政府もこれにならった。それが人クローン規制立法の最初の動機だったわけだが、国民が事態の意味を知れば、混乱が起こることは目に見えており、同じようにES細胞そのものを捨てることにもなりかねないのである。

政府と科学者がヒトES細胞の医療への効用だけを盛んにPRし、マスコミがそれに乗って記事を書いてきたのも同じ理由による。二〇〇〇年一月、私も参加する市民グループが、ヒトES細胞研究が人への生殖細胞等の産業利用を前提にしたものだということを国民に知らせて、そのために生殖細胞が使われることを受け入れるかどうかを広く社会的議論にかけるようにと、科学技術会議その他に申し入れている。だが、これに対してどこも一切応答していない。

三つめに考えられるのは、旧科学技術庁、現文部科学省がヒトES細胞への管理監督権を独占したかったということである。

生殖補助医療から産業化まで含めて話を詰めようとすれば、科技庁や文部省だけですまず、厚生省（現厚生労働省）も通産省（現経済産業省）も関係してくることになる。生殖補助医療は厚生省の、工業化のことは通産省の管轄であり、医療材料や医薬品を市場に出す場合は、製造承認を出すのも、その前段階でも臨床試験を監督するのも厚生省の仕事である。もちろんできた製品による医療行為を監督するのは厚生省だ。問題は省庁の壁を越えているのである。

旧科学技術庁は、包括的な議論を避けて「ヒトES細胞」単独のことに絞り、「研究」の範囲に限定することで、厚生省と通産省の当面の関わりを排除して、これを壁の内側に囲い込んだのだろう。

三月に文部科学省生命倫理・安全対策室が公表したヒトES細胞の作成・使用指針案にそのことがよく表われている。これには、ES細胞とこれから作られた細胞を使う「臨床研究及び工業利用」については、別に基準が定められるまでは行なわないものとする、として、とりあえず他省庁が関与しないで済む範囲に限定しているのである。法律第四条「指針」で「特定胚」という枠によって体外受精胚を対象からはずした意図も、そこにある。

さらに生命倫理委員会は、ヒトES細胞を作るのに必要な胚には、当面不妊治療のために作って使われなかったいわゆる「余剰胚」を当てることにし、ES細胞のために新しく胚を作ることは認めないことにした。そして、二〇〇一年二月、文部科学省が直接日産婦学会に生殖細胞の研究利用に関する八五年見解を修正するよう依頼する文書を送っている。これも文部科学省単独でことを運ぶための方策なのだろう。棄てると決まった体外受精胚をもらって使うのであれば、厚生労働省その他を巻きこむ大議論などしなくても、日産婦学会がいいといえばいい、ということなのである。

ヒトES細胞樹立がアメリカから伝えられた直後の第七回クローン小委員会（九八年一一月二四日）

の席上、ＥＳ細胞は画期的な細胞だが、また「非常に危険な細胞」でもあるといったのは、勝木元也委員（東京大学医科学研究所教授）だが、政府と国会のこうしたやり方が、危険なヒトＥＳ細胞をよけいに危険なものにしている。

悪法

この法律に、ヒトＥＳ細胞に関する規定は全く盛り込まれていない。重複するが、もう一度整理すると、法律は、第一条「目的」、第二条「定義」及び第一六条から第二〇条までの「罰則」を除けば、第三条で個体の作成禁止を、第四条から第一五条で文部科学大臣の「特定胚」取り扱い指針の策定義務と取扱い者の指針遵守義務及び指針運用手続きを定めただけのものである。したがってよほどその分野に通じているか、九七年以後の科学技術会議生命倫理委員会と旧科学技術庁の動きを注意深く追ってでも来ない限り、一読してこれがヒトＥＳ細胞研究容認法あるいは〝解禁〟法であることに気づくのは難しい。というより全く不可能である。

ヒトＥＳ細胞それ自体の作成と使用についても、当然指針が必要で、現在文部科学省がその策定作業を急いでいるのは前述の通りだが、「特定胚」と並んでこれの策定義務が法律に盛り込まれていれば、話は違っただろう。しかし、生命倫理委員会と旧科学技術庁は、そうはしないで、これを法と関係なく文部科学省が独自に管理・運用できる単独の行政指針として策定することにしたのである。これもまた文部科学省にヒトES細胞を囲い込むやり方の一つではある。

「ヒトに関するクローン技術等の規制に関する法律」は、第一条、第二条及び第三条個体の作成禁止条項とその罰則規定が二〇〇一年六月六日に施行された。「特定胚」に関する部分は一二月六日までの間に施行に移されることになっている。文部科学省は、現在策定を急いでいるES細胞作成・使用指針によって、まず体外受精胚を用いたES細胞研究をスタートさせ、その後に「特定胚」によるES細胞研究を〝解禁〟に持ち込むつもりのようだ。

国民に徹底して本意を隠し、意図的に疑問や反発や批判を封じるこうしたやり方は、犯罪的だというほかない。法が全面施行される前に、まずそのことをおさえておかなくてはならないだろう。

もう一つ重要なことをつけ加えておく。法律本文に出てくるものと、法律第二条「定義」には、たぶん「特定胚」取扱い指針で使われるだろうものと、あわせて二四語の定義が並べられているが、その中に「胚性細胞」という語があって、「胚から採取された細胞又は当該細胞の分裂によって生じる胚であって、胚でないものをいう」と定義されている。わかりやすくいえば、「胚性細胞」とは胚を壊してとり出されたES細胞にする前の幹細胞と、それで作られたES細胞を指すのであって、それはもはや胚でなくて体細胞と同じただの細胞なのだよ、ということなのだが、この「胚性細胞」が、各「特定胚」を定義した中に、その加工材料として合計一四回出てくる。

たとえば「ヒト胚核移植胚」の項ではこうである。

「一の細胞であるヒト受精胚若しくはヒト胚分割胚又はヒト受精胚、ヒト分割胚若しくはヒト集合

胚の胚性細胞であって核を有するものがヒト除核卵と融合することにより生ずる胚をいう」（傍点は筆者）

このことがなにを意味するかというと、ＥＳ細胞作成・使用指針以前に法律がすでにＥＳ細胞の作成と使用を認めているということである。ＥＳ細胞とも胚性幹細胞ともいわず「胚性細胞」といいかえて、この科学技術庁じるしの造語を「定義」の中にすべりこませることで、さりげなくヒトＥＳ細胞を認めてしまっているのである。これをもってヒトＥＳ細胞容認法といわないで何というのか。もちろんこのからくりを政府は国会でもどこでも全く説明してきていない。

おそらく「ヒトに関するクローン技術等の規制に関する法律」というのは、徹頭徹尾国民を欺いている点で、日本の法制史上例を見ない悪法なのだろう。こういう法律をろくな審議もなしにあっさり成立させてしまった立法府の責任は大きい。

まとめれば、こうしてヒトＥＳ細胞研究に法的根拠が与えられ、それによって人の生殖細胞の産業利用に道がつけられたということである。私たちは、ここで改めて、人の胚に手を加えることをどこまで認められるか、生殖細胞の産業利用を受け入れることができるのかと、腰を据えて問うてみなくてはならないのだと思う。

第3章　知られざるクローン小委員会の実態

西村浩一

きっかけはクローン羊ドリーの誕生

人クローン個体の産生のみを禁止した法律は、ある日突然できたわけではない。内閣総理大臣の諮問機関である科学技術会議の中に設置された生命倫理委員会での審議、さらにその下に設けられたクローン小委員会での審議の過程で、そういった方向性が導き出され、最終的に「ヒトに関するクローン技術等の規制に関する法律案」がまとまったのである。生命倫理委員会の立ち上げから数えると、実に三年と二カ月の月日が費やされたことになる。その間、さまざまな議論があった。誰が、どこで、どういうタイミングで、何を言ったのか。そこに、事務局である科学技術庁（現・文部科学省）のライフサイエンス課がどう絡んだのか。特に影響が大きかったと思われる報告書や、委員会の議事録などの資料を基に、会合を傍聴した私の感想もまじえながら、法律が成立するまでにどのような議論があったのかを整理してみる。

そもそものきっかけはクローン羊ドリーの誕生だった。英国のロスリン研究所が体細胞クローン羊の産生に成功したという論文を、科学雑誌『ネイチャー』に発表したのは一九九七年二月のことだった。それを受け、クローン技術の人への適用の是非をめぐって、世界各国で検討が始まった。日本も例外ではなかった。まず、ドリーの論文が出た翌月に科学技術会議の政策委員会が、人のクローン研究に対して政府資金の配分を差し控える、という方針を決定。同年九月には、科学技術会議の中に生命倫理委員会を設置し、本格的な審議を開始した。

生命倫理委員会とクローン小委員会

生命倫理委員会の作業部会としてクローン小委員会が設けられ、第一回会合が開かれたのは一九九八年二月一七日のことだった。その席で事務局を務める科学技術庁は、この小委員会の役割を次のように解説している。

「本委員会は、単に問題を整理して戴くということではなく、行政施策に一つの方向性を与えて戴ければと考えている。例えば、クローン技術を規制する、これは行政行為であり、その最後の規制に関しては、行政が一定の判断を下して責任をとらなくてはいけないであろうが、その意志決定が行えるだけの方向性をお示し戴ければと思っている」（第一回クローン小委員会議事録より）

クローン小委員会に与えられた仕事は、体細胞クローンという新しい技術が持つ問題点を整理するだけではなく、規制するか否かを含め、それに行政がどう対応すればいいかといったところまで踏み込んで議論し、方向性を示すことだという。つまり、親委員会である生命倫理委員会や、さらにその上の科学技術会議の承認を得なければならないが、実質的にこの小委員会が方向性を決めるのである。組織的には末端に位置するとはいえ、重責を担っているといえる。

クローン小委員会の構成員は全部で一六人。委員長を務める岡田善雄氏は、一九五〇年代半ばに特殊なウイルスを使って人為的に細胞融合を行なう方法を発見した、世界的に有名な分子生物学者である。

以下、各委員の専門分野などを簡単に紹介しておく。

青木清氏は動物発生・生理学を専門とする研究者。位田隆一氏は公法学を専門とする法学者で、ユネスコ国際生命倫理委員会の委員長を務めたこともある。勝木元也氏は分子遺伝学や発生工学を専門とする研究者。加藤尚武氏は哲学や生命倫理を専門とする倫理学者で、同じく菅野覚明氏も日本倫理思想史などを専門とする倫理学者である。

菅野晴夫氏は腫瘍学を専門とする臨床医。高久史麿氏は内科学や血液学を専門とする臨床医で、さまざまな審議会の委員長や委員を務める医学界の重鎮だ。武田佳彦氏は産婦人科学を専門とする臨床医。豊島久真男氏は腫瘍ウイルス学などを専門とする医学者で厚生省、文部省の審議会の委員長や委員を務める有力者である。

永井克孝氏は物質生物化学や糖鎖工学を専門とする研究者。橳島《ぬでしま》次郎氏は医療技術政策論などを専門とする社会学者。町野朔氏は刑法を専門とする法学者で、厚生科学研究班の分担研究者として脳死臓器移植の法的事項に関する報告書をまとめたこともある。村上陽一郎氏は科学史や科学哲学を専門とする研究者。横内圀生氏は家畜育種学を専門とする研究者。そして最後の森嶌昭夫氏は、民法や環境法を専門とする法学者である。

かなり大雑把な分け方になるが、基礎研究者が四人、医者が四人、法学者が三人、倫理学者が二

表2　クローン小委員会構成員

（委員長）	岡田　善雄	（財）千里ライフサイエンス振興財団理事長
	青木　清	上智大学生命科学研究所所長
	位田　隆一	京都大学大学院法学研究科教授
	勝木　元也	東京大学医科学研究所教授
	加藤　尚武	京都大学文学部教授
	菅野　覚明	東京大学文学部助教授
	菅野　晴夫	（財）癌研究会名誉研究所所長
	高久　史麿	自治医科大学学長
	武田　佳彦	東京女子医科大学名誉教授
	豊島久真男	大阪府立成人病センター総長
	永井　克孝	（株）三菱化学生命科学研究所所長
	榊島　次郎	（株）三菱化学生命科学研究所主任研究員
	町野　朔	上智大学法学部教授
	横内　圀生	農林水産省畜産試験場企画調整部長
	村上陽一郎	国際基督教大学教授
	森嶌　昭夫	上智大学法学部教授

（肩書きはすべて1998年当時のものである）

人、科学史や科学政策の研究者が二人、畜産関係の研究者が一人、というのがこの小委員会の構成員の内訳になる。全員が男性で、平均年齢は約六〇歳である（一九九八年当時）。

性別や年齢といった面から見ると、偏った構成であるといわざるを得ないだろう。高齢者が多く、女性が一人もいないのも問題だが、すべてが研究者で占められていて、その中に法学者が三人もいるというのも、何か最初から法規制を前提に集められたメンバーのように見えてしまうのだが。基本的にこの一六人が、計一二回の会合を開いて議論し、導き出された方向性によって、人クローン個体の産生のみを禁止する法律が成立したのである（横内圀生氏は第七回会合から参加）。

唐突に出てきた論点整理メモ

「小委員会においては、未だ、見解が分かれている点があるが本メモでは、これまでの議論を大胆に整理し、可能な限り論点を明確化することを試みた」

という説明が表紙に書かれた「クローン技術の可能性と規制の在り方に関する論点整理メモ」が出てきたのは、一九九八年四月一三日に開催された第四回会合のときだった。

以下、少し長くなるが論点整理メモのポイントとなる部分を引用してみる。

クローン技術の人個体の産生への適用についての規制

「クローン技術の人個体の産生への適用については、人間の尊厳、安全性等の観点から問題があること、現時点では有用性が認められないこと、等を総合的に判断すると、禁止のための規制を実施することが妥当である」

規制の対象

「人の胚は、現在の科学的知見では、母体への胚移植の過程を経なければ、出生、成長し、社会的存在になる可能性がないことから、人クローン個体の産生における鍵となる過程は、クローン胚の母体への胚移植である。したがって、先に存在するオリジナルの人個体を後から模倣した人クローン個体を社会の中に産み出さないようにするためには、人クローン胚の母体への胚移植の段階を禁止の対象とすることが適切である。（人クローン胚の胚移植の規制）」

クローン技術の人個体を産生しない目的のための適用

「クローン技術を人個体を産み出さない目的のために適用すること（体細胞培養）（全能性を有する胚性幹細胞の系統がヒトにおいて確立された場合において、同細胞の人個体を生み出さない体外での培養を含む。）については、（中略）種々の科学的・医学的可能性が認められ、今後、安全性の確認に慎重な検討が必要であるものの、特段の規制をする理由は見当たらない。（中略）母体への胚移植を伴う移植用クローン臓器の作製は、人個体を産み出すことに類似の実態を含みうることから人間の尊厳を侵害し得るものであり、規制を行うべきである」

クローン技術による人細胞核の動物除核未受精卵への移植／動物細胞核の人除核未受精卵への移植

「人の細胞の核を人以外の動物の除核未受精卵に核移植して交雑胚を作製し、それを人又は動物の母体内に胚移植し、成長させること、及び、人以外の動物の細胞の核を人の除核未受精卵に核移植して交雑胚を作製し、それを人又は動物の母体内に胚移植し、成長させること、は、いずれも有用な科学的知見をもたらすものというよりも好奇的関心に引きずられているものと考えられるばかりでなく、通常は、人間の尊厳を侵害する行為と考えられることから、規制を行うべきである」

人クローン個体の産生、ハイブリッド、キメラは規制するべきで、ただしその規制対象は「母体への胚移植の段階」とし、クローン技術を人個体を産み出さない目的のために適用することは、科学的にも医学的にも有用性があるので規制する必要はない。つまり、クローン技術を用いて作った胚を、女性の子宮に戻すことのみが禁止行為となり、その前段階の胚を改変する行為は規制対象とはならない、というのである。肝心の規制の方法については、法規制と国のガイドラインによる規制の両論が併記されている。

最初に論点整理メモが出てきたのは第三回会合のときだが、第四回会合のときに出てきたもののほうがより具体的である。ここに、この後の第六回会合でまとめられる中間報告書の原型があるといってもいいだろう。

第四回会合の論点整理メモの内容は、唐突に出てきたという感が否めない。それは、第一回から第三回までの会合の中で、まったく議論されてもいないことがいきなり出てくるからだ。議事録を見る限りでは、人クローン個体の産生を禁止するための理由づけをどうするか、ということが議論の中心で、規制の対象についてはほとんど話し合われていないし、「人クローン胚の母体への胚移植の段階を禁止の対象とすることが適切」などと発言した委員はいない。クローン技術の人個体を産み出さない目的での適用についても、勝木委員と武田委員による技術的な説明はあったが、「安全性の確認に慎重な検討が必要であるものの、特段の規制をする理由は見当たらない」などと発言した委員はいない。

要するに、「見解が分かれている点」どころか、発言自体がないにもかかわらず、論点整理メモには、さも委員の誰かが言ったかのように具体的な事柄が書かれているのだ。このメモの作成の過程について事務局は、「委員長と相談の上、事務局にて、論点整理メモという形でまとめました」（第三回クローン小委員会議事録より）と言っている。委員長と相談したとはいえ、発言がない事柄まで書いてしまっているのだから、論点整理メモの一部は、事務局による作文だということは明らかだ。これはある意味、クローン小委員会の議論を事務局が、自分たちの意図する方向に誘導しているともいえる。

当然、委員の間からは、論点整理メモの内容に対する疑問の声が挙がる。規制の対象を「母体への胚移植の段階」とする点について、勝島委員はこう言っている。

「論点整理の七ページの結論では、人のクローン胚を子宮に移植することを禁止するとしています。そうすると、核移植技術で人間の胚をつくること自体は認めるという結論なわけですか。それを、まず一つ議論しなければいけないと思います」（第四回クローン小委員会議事録より）

しかし、結局、この点について話し合われることはほとんどなく、論点整理メモの内容が確定した事柄でもあるかのように議論は進み、ほぼそのまま中間報告書へと盛り込まれていくのである。

国のガイドラインによる規制が妥当

クローン技術の人への適用には法規制をするべきである、という発言が出てくるのは、一九九八年五月一四日に開催された第五回会合あたりからだ。これを主張した委員は、岡田委員長と町野委員の二人で、そして委員ではないが事務局も同様の見解を示している。それぞれの発言は次のようなものである。

「何とか形として、法規制という形の処理ができるような組立てができると非常に有り難いと、私は思っています」（岡田委員長、第五回クローン小委員会議事録より）

「もし人クローンを規制するということになりますと、これを行政的な規制で、刑罰法規で担保する、という形で行うのは恐らくなじまないだろうと思います。というのは、例えば人クローンを禁止するのに、これは絶対禁止だ、人間の尊厳に反する、と言っておいて、許可を受ければ別であるというのは非常におかしな話で、誰が何と言おうと絶対に許さないということしかありえないわけです。そうなると、やはり刑法が出てこざるを得ないだろうということになります。

逆に言うと、刑法による規制というのは、今のような核心部分だけに限られるということになる。核心から少しずれて、例えば動物ならどうするか、とか、人の個体そのものをつくらない、臓器のクローンなどの問題については、ある範囲で許容するという前提だとすると、それについて許可を与え、許可を得ないで行った人間は処罰する。（中略）というような、行政法と刑法をミックスした規定をとるように徐々になってくるということもあると思います」（町野委員、第五回クローン小委員会議事録より）

「町野先生の先ほどお話の点、非常に示唆に富んで、実際に法律を考える上で考えるべき点というのをおっしゃっていただいたと思っているんですけど、核心部分のところが刑法的な話で、それ以外のところは行政法的な手法かなと、こうおっしゃられた。なるほど、そういう点があるのかなと思うんです」（事務局、第五回クローン小委員会議事録より）

第五回会合までの段階で、基本的に法規制を主張したのは前述した三者のみである。他の委員の大半は、はっきりとした見解を示さず、立場を明確にしていないのだから、法規制で合意があったとは到底いえない。にもかかわらず、一九九八年五月二六日に開催された第六回会合のときに出てきた中間報告案には、規制の形態として、①法規制、②国のガイドライン、③国の研究資金配分の停止、④学会等の自主規制、⑤個別の医療機関等の自主規制、の五つが並べられ、

「少なくとも、規制の核心部分である、クローン技術を用いた人個体の産生の禁止（及びそれに関連して規制されるべき胚移植を伴う人臓器のクローン産生の禁止）については、法律に基づき禁止し、その違反に対して罰則を設定することが適切であると考えられる」

と、結論づけられているのだ。

この強引ともいえる結論に対して、各委員から一斉に反発が起こる。特に「規制の射程が狭過ぎる」といって強く反対したのが勝島委員である。

「当小委員会が、人クローン個体の産出を法律で禁止することだけを内容とする単独の法律をつくれという結論を上げることに反対であるということです。人クローン禁止について何らかの措置をとるという点では、この小委員会では合意があると思います。私もそれにあえて反対するものではありません。ただ、わが国でほかにこの種の法律が何もない中にクローン禁止の単独法だけを突然つくるというのは大変異様だし、周りとの整合性が余りにもとれなさ過ぎると思います」（勝島委員、第六回クローン小委員会議事録より）

勝島委員の主張は、クローン技術は人の生殖細胞を操作するものだ、という認識の下に、まず生殖補助技術全般を規制し、その中に位置づけて人クローン個体の産生を禁止するのならば規制していくべきである、というものである。欧州諸国は、人クローン個体の産生を法律で禁止しているが、これはあくまでも、生殖補助技術全般を規制する法律の中でだ。アメリカも含め、人クローン個体の産生のみを単独で法規制している国はない。これが世界の情勢だという。

かなり説得力はあるのだが、この勝島委員の主張に対して露骨に異を唱える委員が出てくる。岡田委員長と町野委員は、生殖補助技術全般にまで規制を広げたら収集がつかなくなるので、議論をクローン技術に限定するべきである、と強固に主張。法規制派以外でも、高久委員と武田委員が反対を表明し、それぞれ次のように言っている。

郵便はがき

料金受取人払

本郷局承認

45

差出有効期間
2003年3月
31日まで
郵便切手は
いりません

113-8790

緑風出版 行

117

(受取人)
東京都文京区本郷
二-一七-五
ツイン壱岐坂1F

ご氏名

ご住所 〒

☎ (　　) E-Mail:

ご職業/学校

本書をどのような方法でお知りになりましたか。

1.新聞・雑誌広告（新聞雑誌名　　　）
2.書評（掲載紙・誌名　　　）
3.書店の店頭（書店名　　　）
4.人の紹介　　5.その他（　　　）

ご購入書名

ご購入書店名　　所在地

ご購読新聞・雑誌名　　このカードを送ったことが　有・無

読者通信

今回のご
購入書名

ご購読ありがとうございました。

◎本書についてのご感想をお聞かせ下さい。

◎本書の誤植・造本・デザイン・定価等でお気付きの点をご指摘下さい。

◎小社刊行図書ですでにご購入されたものの書名をお書き下さい。

購入申込書

小社刊行図書を迅速確実にご入手いただくために、このハガキをご利用下さい。
ご指定の書店あるいは直接お送りいたします。直接送本の場合、送料は一律三一〇円です。

書名　　　定価　　円

ご注文冊数　　冊

ご氏名

ご住所

☎

［書店様へ］お客様へご連絡下さいますようお願い申しあげます。

取次店番線
この欄は小社で記入します。

ご指定書店名

同書店所在地

「ここの場はクローン技術だけに限るのが良いと思います。しかし、クローン技術は生殖医療に関係しますので、ほかの生殖医療技術も同じように立法で禁止すべきである、取り締まるべきであるという意見が出るという波及効果が出てくることを私は非常に気にしています。（中略）私は規制は必要だと思うのですが、本当に立法までしてするのか、国のガイドラインで十分でないかということを考えて戴きたい」（高久委員、第六回クローン小委員会議事録より）

「私もこれが生殖医療全体に影響するという方向にいったんでは困ると思います」「これは法律でなくても、ガイドラインでその辺のところができないだろうかということを、（中略）ガイドラインの規制というのが妥当ではなかろうかと思います」（武田委員、第六回クローン小委員会議事録より）

前述した二人のように消極的な理由からではなく、実際に研究をしている者としてより実効力があると思う、という積極的な理由からガイドラインを推したのが勝木委員である。

「私は、ガイドラインのようなもので、実際にやる人がケース・バイ・ケース、あるいはステップ・バイ・ステップに、具体的に研究をやっているのかやってないのかをチェックできる方が有効ではないかと思います。法律ということになりますと、なかなかチェックする機構が難しかったり、（中略）むしろある程度ガイドライン式にやったほうが実効があるんじゃないかという意味でガイドラインのほうがいいんじゃないかという意見を持っております」（勝木委員、第六回クローン小委員会議事録より）

第六回会合では、その理由に温度差があるとはいえ、人クローン個体の産生のみを禁止するのならばガイドラインで規制するべきである、という声が圧倒的に多い。出席した委員一一人のうち、八名がガイドラインによる規制を求めているのだ。

議論の末、規制の形態の結論部分の表現は、「法律に基づき禁止し、その違反に対して罰則を設定することが適切」から、事務局の提案によって、「国のガイドライン以上の規制が適切」と改められることになる。

多くの委員が主張したのは、法規制ではなく、ガイドラインによる規制が妥当、ということである。したがって、多数意見を尊重するのならば、ここは「国のガイドラインによる規制が適切」という表現が正しいはずだ。なのに、わざわざ「国のガイドライン以上」と、〝以上〟をつけるところに、法規制にもっていきたいという、事務局の意向が含まれているといっていいだろう。

中間報告書がまとめられた第六回会合の時点では、流れは完全にガイドラインに傾いている。この流れが第七回会合以降の審議の中で、法規制へと大きく変わっていくのである。

流れを法規制に変えた町野報告

完全にガイドラインに傾いていた流れを法規制へと大きく変えたのは、一つの報告書の出現である。これは、先に出された中間報告書のように、一般に公表して意見を募るような性質のものではない。あくまでも議論の過程で、参考までにと、法学者である一人の委員がまとめたものだが、結果的に流れが法規制へと傾くターニングポイントになってしまったのである。

流れを法規制へと変えた報告書は、どのようにして作成されたのだろうか。

一九九八年一一月二四日に開催された第七回会合の終わり近くに、事務局が次のような提案を行なう。

「法律か、ガイドラインかの総括的なメリット、デメリットはこれまでいろいろ議論されてきていると思います。拘束力があるのかないのか、実効性があるのかないのか、強制力があるのかないのかなど。（中略）具体的にガイドラインのほうは、文部省のほうでつくられた例が既に存在するわけなんですけれども、法律とする場合には、一体どんな具体的な法律になるのかというのは、今まで考えたことがないと思います。

したがって、もしその辺の議論をして戴くということでありますと、むしろ法律系の委員の先生で、例えばつくるとすると、こんなものになるのではないかというものを、少し具体的な姿として作って見せて戴いた上で、（中略）その辺を議論して戴くことが、単なる総論を越えて、具体的にこれがいいこと、これがまずいこと、そういう議論が促進されるという気がいたします」（第七回クローン小委員会議事録より）

この事務局からの提案に対して、すかさず岡田委員長がこう言う。

「今ちょうどライフサイエンス課長から非常にいい提案がございましたけれども、そういう形で、法律関係の方々にそういうものを少しまとめて戴くことにして」（第七回クローン小委員会議事録より）

これを刑法の専門家である町野委員がまとめることが決まり、一九九九年五月一二日に開催された第九回会合に、「人クローンの産生等を禁止する法律についての報告書」（以下、町野報告）が出てくるのである。この町野報告の出現によって、ガイドラインに傾いていた流れが、法規制へと大きく変わっていくのである。事務局は、ガイドラインのモデルは文部省が大学を対象にまとめたものがあるという。確かに、文部省が作成したというガイドラインは、第九回会合の配布資料の中に入ってはいる。だが、ただ入っているというだけで、特に誰かが解説するわけでもない。

議論が分かれている中で、一方の案だけ出すの不公平だ、という声も当然のこととして挙がってくる。

「法律案についての報告書だけ出て、指針にしたらどういうふうになるかについて具体的な案が出されないのはおかしいと思います。（中略）法律かガイドラインかどっちにするかという議論をする上では、やはり指針案も出されないとだめなのではないでしょうか」（勝島委員、第一〇回クローン小委員会議事録より）

しかし、事務局は聞く耳を持たず、なかば強引に事態の収束をはかろうとする。

「町野先生の報告書のように、全体を法律規制、すなわち人クローン個体の産生も人クローン胚の作成・使用も含めまして、全体を法律の規制とするという考え方と、全体をすべて国のガイドラインの規制でするという考え方と、もう一つ、その中間でございますけれども、中核的な部分、すなわち人のクローン個体が現実に産み出てくる、その部分については法律規制、クローン胚の部分につきましてはガイドライン規制といったような、三つのケースが基本的なパターンとして考えられるということであると思います。（中略）ここでは、一応議論のたたき台の資料といたしまして、上述の三つのケースのうち、ケース2が適切なのではなかろうかという考えに立って、以下理由を記してございます」（事務局、第一〇回クローン小委員会議事録より）

議論のたたき台とは、「クローン技術のヒトへの適用に関する規制のあり方について（案）」というタイトルがついた、事務局がまとめた資料のことである。〝ケース2〟とは、人クローン個体の産生のみを法律で規制し、人クローン胚の作成・使用は国のガイドラインで規制しよう、という案である。

この事務局からの提案に対して、すかさず町野委員がこう言う。

「要するに今事務局の側からの仮の提案というのは、個体の産生につながるところは法律でやって、それ以外のところはガイドラインでいいんじゃないだろうかと、大まかに言ったら、そうですね。（中略）もちろん、このような提案というのは当然可能だろうと思いますし、私、今、事務局のご意見を拝聴しておりましたら、それでいいんじゃないかなと思うようになりました」（第一〇回クローン小委員会議事録より）

一九九九年六月一六日に開催された第一〇回会合までに、〝ケース2〟のような主張をする委員はいた。だが、その主張に多くの委員が賛同したということはない。発言があったというだけだ。にもかかわらず、さもそれが委員たちの共通認識であるかのように書いているのだから、第四回会合のときに出てきた論点整理メモと同様に、この議論のたたき台も事務局による作文であるといわざるを得ないだろう。

クローン小委員会は第一二回会合まで開かれるが、最終報告書としてまとめられるのは、第一〇回会合で事務局が示した〝ケース2〟の案である。

結論先にありきだったのか

これはいったい何なのだろうか。すべてが岡田委員長、町野委員、そして事務局の三者によってコントロールされていたように思えてしまうのだが。結論が先にあったとでもいうのだろうか。

私は、全部で一二回開催されたクローン小委員会のうち、六回を傍聴した。研究者の世界では若手に入る、三〇代後半の勝島委員が、七〇歳を超える長老の岡田委員長に一歩も退かず、くいさがっていく様はなかなか見応えがあった。審議を生で見る、ライブならではの良さはもちろんあるのだが、こちらも一緒になって熱くなってしまうがために、見落すこともたくさんあるだろう。

傍聴だけで考えていたときは、激しい議論の末、方向性が決まったとばかり思っていた。だが、どうやらそうではなかったようだ。改めて議事録や配布資料を読み返してみると、事務局が自分たちの意図する方向に、議論を誘導していたという感が否めない。その証拠は、第四回会合のときに出てきた論点整理メモと、第一〇回会合のときに出てきた議論のたたき台である。この二つが、中間報告書と最終報告書に大きな影響を与えているの明らかだ。事務局の誘導だけではない。それを補完したのが、岡田委員長の巧みなハンドルさばきと、法学者である町野委員の主張といっていいだろう。

あれだけガイドラインに傾いていた流れが、町野報告の出現によって簡単に法規制へと変わってしまったのは、学者特有の視野の狭さというか、〝専門性の壁〟もあったのではないかと思う。刑法の専門家である町野委員から具体的に形になったものを示されると、それまでガイドラインを推していた委員も、とたんに弱腰になって、「私は素人なので」などと前置きするようになってしまったのだから。

最後まで持論を曲げず、声高に主張したのは橳島委員ぐらいである。終盤ではそれに勝木委員も同調するようになり、二人で流れに逆らい、最終報告書に少数意見として自分たちの発言を盛り込ませたりもした。その点については高く評価していいだろう。だが、非常に残念ではあるが、ただそれだけだ。最終報告書は、親委員会の生命倫理委員会に上がり、さらにその上の科学技術会議に上がり、結局は、多数意見の方向性が政策へと反映されていったのだから。

話は前後するが、一九九八年一二月一六日に開催された第四回生命倫理委員会で、新たにヒト胚研究小委員会を設置することが決まった。これは、人の胚性幹細胞（ES細胞）が樹立されたことを受け、その対応に迫られたからである。体細胞クローン技術の確立のときはクローン小委員会をつくり、ヒトES細胞の樹立のときはヒト胚研究小委員会をつくる。両方とも生殖細胞を操作する技術だ。二つの小委員会は並行して進み、クローン小委員会は法規制の方向性を打ち出し、ヒト胚研究小委員会はES細胞の指針案をまとめた。

これまで日本では、学会などの職能団体を別にすれば、公の場で生殖細胞の扱いについて議論されたことはない。生殖補助技術全般に対する規制という〝土台〟がないにもかかわらず、その不安定なところに、新しい技術の登場に伴って〝建物〟を建てようとしているように思えてならない。もしそのまま突っ走れば、社会に混乱を招き、将来に禍根を残すことになるだろう。そうなったときに責任をとるのは誰か。責任者の中にクローン小委員会は、まず間違いなく含まれる。人クローン個体の産出のみを禁止する法律を作るべきである、という方向性を示したクローン小委員会の一六人の委員は、そのことだけは忘れないでもらいたい。たとえそれが、事務局に誘導された結果であったとしても、だ。

第4章

国会で反対を表明

北川れん子

ブループリント

「ヒトに関するクローン技術等の規制に関する法律」（略して人クローン規制法と呼ぶ）に対して「問題点をまとめた冊子をつくろう」と呼びかけられて一カ月。

ふと目を通した新聞で紹介されていた本の中に『ブループリント』（シャルロッテ・ケルナー著、鈴木仁子訳、講談社刊）があった。帯には、あなたはわたし＝わたしはあなた　ヒト・クローン　すぐそこのリアル！　とあった。絶対この本を読んでから書こうと決め本屋で捜すが購入できたのは暮れ。

なぜ、『ブループリント』を読んでから書こうと思ったのかと言えば、〝試験管ベビー〟がそうであったようにいくら反対をしても議論をしても望む人がいるならば、〝人間〟としてこの世に生まれだされるのだからである。「クローン人間」としてつくられる子もいるだろうし、「クローン人間」になれずに廃棄される子も多数つくられるであろうと想像できたからである（この本はおもしろい）。

訳者のあとがきにも、「『ブループリント』は、クローン人間を、生きた主体として見つめ、その心にまで踏みこんで語った、おそらくはじめての作品でしょう」とあるように、現実の物語としてかかれていたため一気に読み上げることができた。

主人公のスーリィは、高名なピアニストの母イーリスから「あなたはわたし」と、呪文のようにそう繰り返されて育てられる。コピーとしての存在。自分を二番煎じのようにしか思えず、かけがえのない「わたし」が信じられない存在。スーリィの苦しみはそこにあったと、訳者の鈴木仁子さんは綴っている。

主人公スーリィとイーリスは、一世代まるまる離れた一卵生双生児（体細胞クローン）として描かれている。

受精卵クローンは良くて体細胞クローンはいけないのか？

第一五〇回国会で成立した人クローン規制法は、まさにこの本で描かれた体細胞クローンのみを禁止している。

科学技術委員会の審議の折にも「なぜ受精卵クローンは良くて、体細胞クローンはいけないのか」の議論が何度かなされた。大臣も政務次官も官僚もおうむ返しのように、「体細胞クローンは、つまるところ無性生殖だから、無性生殖は反社会的だから罰則を与える」という単純な切り捨て方をしていた。

わたしはこの繰り返される「反社会的」という言葉は、多くの人々には説得力を持たないのではないかと感じていた。かたやの答弁ではこうも答えているのだから！「……一方、生殖医療につきましては、生殖を補助し人の誕生を目指す技術でございまして、クローン問題とは同一に取り扱うべきものではありませんし、また、これをいかに規制するかということについても、現在議論が進行中で、その規制のあり方はこれから決めていくべきものと思っております。」(結城政府参考人)、「規制の対象となります特定胚、九種類ございますけれども、これは生命倫理その他いろいろな問題をはらんでおりますから、作成も取り扱いもさせないことが原則でございますけれども、中には非常に有用性がある、これからの生命科学にとって、あるいは医療技術にとって非常に有用なものがあるということについては、厳しい条件のもとに、その作成、研究、取り扱いを認めていくつもりでございます。……」(同参考人)となっている。大雑把に言うと反社会的行為と有用性が表裏一体となっているのである。元来〝生命科学〟とは両方を併せ持つのではないだろうか。

私の元々持っている疑問は、人類は生命科学や生命操作に手を出してはいけないのではないか、というものである。それはいくら何らかの有用性があったとしてもなのだ。

しかし、私のようにすべてを否定する考え方も現代では多くの人達に対して説得力を持ちえないのかもしれない。

『ブループリント』の最後には次のような記述があった。

「……これからの社会に『クローン国家』のようなものが出来はしないか、という不安は、根拠がない。クローン人間の数は増えているが、わたしたちの数をこえて暴走するようなことは決してないだろう。自分を複製する許可は、ドイツでは生殖可能人口の〇・三二%内に納めることになっている。これは、一卵生双生児の自然出生率にあたる。自然が望んだ遺伝的多様性は崩れない。

クローニングは、現在では資格のある国家クリニックで行なわれるようになった。ただし、費用には健康保険は適用されない。

生殖推進委員会は来年度にむけてすでに五千二百例のクローニングの申請を受けている。その半数は独身男女によるもの、あとの半数はカップルによるものだ。委員会の設立以来、この数値は年々増加しているが、社会的に認められた〇・三二%が満杯になるまでには、おそらくまだ何十年もかかるだろう。……」

この記述に呼応するように毎日新聞二〇〇一年一月三日の朝刊には、〝クローン人間動き急〟として「ラエリアン・ムーブメント」と名乗る宗教団体が「クローン人間を作る」と発表したと紹介していた。依頼した三〇代の夫婦は、医療ミスで死んだ男の子の皮膚や血液を冷凍保存しているとあるので体細胞クローンを作ろうとしているのだろう。

多分この宗教団体のことを指していたのだと思うが、科学技術委員会で審議の折にも取り上げられて、日本が早く法律を作らなければ、こういう人達が日本にやって来てクローン人間をつくることに場所を提供することになるのだと、追いたてていく要因にされてしまった。

記事の中には、信者は世界八四カ国に五万五〇〇〇人、日本には最多の五五〇〇人がいるとある。この夫婦は五七〇〇〇万円を支払っており、日本の罰則一〇年以下の懲役もしくは一〇〇〇万円以下の罰金は、安くはないかもしれないが覚悟を決めた人ならどうっていうお金ではないような気もするのである。

ましてやこの一〇カ月の男の子は、医療ミスで亡くなっているのである。医療及び実験目的ならば○か△の受精卵クローンなら日本でもOKサインが出たかもしれないのである（もちろん、まだガイドラインが出来上がっていないのでこれはあくまでも憶測である）。

そしてこのラエリアン・ムーブメントのように〝今からクローン人間をつくるぞ〟と大々的に宣伝する所は珍しいのだから、秘密裡のうちに密室で行なわれたならば、誰にも生まれてきた赤ん坊が体細胞クローンだとは見分けられないのではないだろうか。内部告発がない限り罰則が適用できないと思うのは素人の浅はかさであろうか。

国会で何が議論されたのか

それでは衆議院での議論の経過及び反対に至った経過を振り返ってみたい。

私は「科学技術委員会」委員にきまった時点からこのクローン法案が再度提出されることが決まっていたので、問題点等を各市民グループの方々や個人の研究者からレクチャーを受けていた。ぶっ通しで八時間も付き合って下さった研究者の方もいる。関連する書籍も読んだ。

しかし、正直言って専門的すぎて用語自身から頭に叩きこむのに時間がかかってしまった。特に一度も見たこともない胚、ＥＳ細胞、受精卵等、実感が湧かなくて困り果ててしまった。だから「クローン」や「胚」の定義すら、とりようによって様々な解釈があること等は、この時初めて知ったのである。さらに〝生殖補助医療〟のとらえ方のむずかしさも、なお一層複雑なものとして私の前に呈示された。

とりあえず素人から出発して一番最初に法案を読んでいて奇妙に思ったのは、「ヒト」と「人」を使い分けて書いてあるところであった。例えば法の題は、「ヒトに関する……」とありカタカナである。第三条の「何人も、人クローン胚……」は漢字である。科技庁から説明をきいた時、最初にこのことを質問したら「カタカナはホモ・サピエンス」のことで、「漢字は人間を表わす」と言うようなことを言われた。「人間は分けることが出来るのですか?」と聞き返したら担当者は黙ってしまった。

ちなみにホモ・サピエンスは辞書では現生人類の学名とある。

あまりにも複雑だったため都合四回の勉強会を開催することになった。

一〇月一二日　ジャーナリスト　福本英子さん
一〇月二六日　日弁連　光石忠敬さん
一〇月三一日　三菱化学生命科学研究所　楙島次郎さん
一一月三〇日　産婦人科医　堤治さん

各々の専門家の視点からこの法案についての意見も聞かせていただき、貴重な勉強会となった。この間、各委員の許には、問題点を指摘する市民団体や個人の方からファックスやメールが何度も寄せられた。

一部を紹介する。

・フィンレージの会（有志）
・優生思想を問うネットワーク
・ＤＮＡ問題研究会
・おんな労働組合（関西）
・人類愛善会（大本）生命倫理問題対策会議
・日本ラエリアン・ムーブメント

私が所属する社民党の対応としては、厚生省の所管する生殖補助医療の規制と一体的な規制法が必要、国際的にも今国会で急いで議了する必要なしとの方向で、しかしながら生命倫理にかかわる法案としての扱いということで党議拘束はなじまないとなった。従って担当議員の判断に委ねられた。全審議時間一六時間。北川の質問時間は合計で二時間。

計四回

衆議院　委員会審議　一一月　八日

一一月一〇日
一一月一四日（参考人質疑）
一一月一五日

衆議院科学技術委員会

一一月八日の科学技術委員会——社民党は議員数の振り分けからいって、持ち時間は各二〇分〜五〇分と非常に短い。だから他党の委員の質問も聞き逃すまいと必死で聞いていたが、議論は中々深まりをみせてはくれなかった。

林省之介委員　まず初めに、この法案が今回提出されました、あるいは前回の法案が廃案になったその経過をお聞かせいただきたいと思っております。

大島国務大臣　この法案が前の国会に提出をされて、実は審議がされないままに衆議院選挙に相なりました。当時、私は議運委員長をやっておりまして、山口さんも一生懸命来て、早くやってください、こう言ったんですが、国会提出の時期そのものが実はちょっと遅かったんですね。先生御存じのように、衆議院は、選挙となると、もう政治の力が選挙にどんどん向き始めまして、具体的な法案の審議に入れぬままに終わりました。しかし一方、委員会の皆様方の御努力で、参考人だけお呼びになられて、各界の人の御意見を聞いた。

そういう状況の中で、一方において、先生お話しされたように、ライフサイエンスの世界、特にクローンにかかわる世界は、技術的な議論と同時に研究開発がどんどん進んでいる。そして、多くの中にあって、ある団体のごときは、クローンの人間をつくってさしあげますよというふうな、いわば大変恐るべきといいましょうか、衝撃的なそういうふうなパブリシティーも行う。

そういう社会情勢、研究開発の進みぐあい、そして選挙前の国会の状況から見て、何としてもこの法案は早急につくらなければならない、成立をせしめなければならないということで、選挙を終えまして、そしてこの国会において御審議を願っている。そういう意味での緊急性というものがあるという意味で、私はお願いをしているところでございます。（後略）

結城政府参考人　科学技術会議の生命倫理委員会の報告によりますと、人クローン個体の産生には高度な施設設備や巨額な資金は必要でない、一定水準以上の技術を持つ医師や研究者であれば比較的容易に実施できるというふうにされております。また、この分野の研究者によりますと、半年間の訓練で、条件さえ整えば比較的容易にヒトのクローン胚は作成できるという見解が示されておるというふうにも聞いております。

したがって、クローン胚が移植される母胎を提供する代理母が確保されれば、人クローン個体の産生は比較的容易に行われることが懸念されておるところでございます。（後略）

林（省）委員　おっしゃることはよくわかりますけれども、余りにも規制の網を大きくかけ過ぎますと、例えばＥＳ細胞の研究のような、医療にとっても大変有用な研究が滞るといいますか、あるいは他国に先を越されるといいますか、我が国は科学技術立国を目指そうと今しているわけでございますから、法規制が余りにもきつ過ぎることによって、そういう研究開発に支障を来すようなことになってはいけないんじゃないかというような懸念を持つものでございます。この点に関しては、政府はどのようにお考えになっておられるんでしょうか、お尋ねをいたします。

大島国務大臣　先生御指摘のように、私どもは、無性生殖という世界と有性生殖という世界、この二つのあり方をやはりある意味では別次元で考えなきゃならぬ、この基本から立っているわけでございます。（中略）我々も、ガイドラインその他について、さまざまな議論を踏まえながら、そこはそれなりの自主的な規制も含めながら、我々としてのガイドラインというものも当然考えていくことになろうと思いますが、法律によってそういうことを全部対象にして抑えていくということは、研究開発が日々に変化していく、こういう状況の中で、果たしていいのであろうか。（中略）そういう観点に立って、我々は、ヒトのＥＳ細胞のところについては今法律という世界からは除いているということでございます。

林（省）委員　おっしゃることはよくわかったつもりでございます。よくわかりました。

いずれにいたしましても、科学技術の進歩を法によって大きく妨げるようなことになってはいけないというふうな気が私はいたします。

（後略）

私は、クローンの定義から質問し、体細胞クローンのみをクローンとする根拠をたずねたが、はぐらかされてしまった。

一一月一〇日の委員会での議論。

結城政府参考人　ここでいいますヒトクローンといいますのは、クローン羊ドリーのように、体細胞からでき上がってくるクローンのことでございます。

それで、まず、この人クローン個体をつくるということはどういうことであるかということの分析でございますけれども、受精という男女両性の関与なく子孫を生み出す無性生殖であるということ（中略）さらに、人の命の創造に関する基本認識、両性生殖であるわけですけれども、そういう基本認識から著しく逸脱することが人の尊厳を侵すという指摘がなされております。このような検討の結果、クローン人間の個体の産生は禁止されるべきという結論になったものでございます。（後略）

結城政府参考人　それでは、九種類の胚それぞれについて申し上げます。

まず、人クローン胚、これは無性生殖でございます。

それから、人間の亜種になる胚として三つございまして、人間なんですけれども動物の要素を持っている人間ができるということでございますが、これは有性生殖とか無性生殖をもう超えた問題でございまして、人間と動物の交雑の問題というふうに私どもはとらえております。

具体的には、ヒト動物交雑胚。これは有性生殖、無性生殖の問題を超えた問題になっております。（中略）あえて言えば、ヒトと動物の有性生殖。（中略）次に、ヒト性集合胚。これは基本的には有性生殖でございます。ヒトの胚に動物の細胞をまぜるものでございますが、基本的には有性生殖です。

それから、ヒト性融合胚。これは両方あり得ます。有性の場合と無性の場合。これも動物と人間のことですから、有性とか無性とかいうのもほとんど意味がないと思うのですけれども、人間の核を動物の卵に入れるわけですが、人間の核が有性の場合と無性の場合と両方あり得ます。

次に、ヒト胚分割胚。これは、有性生殖の胚を材料にしてつくる特定胚でございます。有性生殖の胚を材料にするということでございます。

ヒト胚核移植胚。これも同じでございまして、有性生殖の胚を材料といたします。

ヒト集合胚。これは、基本的には有性生殖の胚を主な材料といたしております。

次に、動物性集合胚。これも、できるのは動物でございますから、有性生殖の動物の核が主な材料になって、それに人間の細胞がまじるというものでございます。

動物性融合胚。これも動物の方になりますけれども、有性の場合と無性の場合と両方ございます。（後略）

北川委員　有性生殖なら胚の操作を行っても人の尊厳が侵されることがないとお考えになっていらっしゃるんでしょうか。

渡海政務次官　尊厳が侵されないとは申し上げておりません。

しかしながら、先ほど来お答えをいたしておりますように、この点につきましては、例えば分割胚なんかの問題は、これは自然界に存在する一卵性双生児、形態上はそのことと変わらないわけです。それで、これは考え方の問題だと思いますが、そのことによって、例えば人工的に胚を分割することが果たしていいことなのか悪いことなのか。この辺のことについて、まだはっきりとした合意形成がなされていないという前提のもとで、絶対につくってはいけない人クローン個体産生というものとは少し意味が違うのじゃないか、そういう意味で、今回は区別をさせていただいているというふうにお考えをいただきたいと思います。

北川委員　ここがやはりすごく難しいところだろうと思うのですが、次の質問に移らせていただきます。（中略）では卵をどのように入手されるおつもりなのか、お伺いいたします。

結城政府参考人　政府案の規制対象になっております特定胚、クローン胚等の特定胚の作成にヒトの卵子を用いる場合には、卵子がその採取のために女性に多大な負担がかかるということや、受精を経れば個体へと発生していく可能性を持っているものであることを考慮しまして、この法律に基づき作成される指針に厳格な要件を定めることにしております。その際に、現在はヒトの精子、卵子などの生殖細胞を用いた研究は日本産科婦人科学会のガイドラインのもと

にあるわけでございまして、そのガイドラインとの整合性についても検討していくことにいたしております。（後略）

参考人質疑で問題点が指摘されたが……

一一月一三日には、厚生科学審議会が「第三者からの提供分受精卵の利用容認」したとの報道があった。いよいよ不妊治療の目的の拡大が「人クローン規制法」の成立をにらんではじまった気がした。

一一月一四日は参考人質疑であった。参考人は、町野朔氏（上智大学法学部教授）、西川伸一氏（京都大学医学部教授）、最相葉月《さいしょうはづき》氏（ノンフィクションライター）、御輿《おごし》久美子（奈良県立医科大学助手）氏の四人であった。

町野参考人　しかし、人クローン個体等の産生を有効に禁止しようとするのなら、やはり強制力を持つ法律によらなければならないと考えられます。（中略）そして、政府提案も、これら個体産生の試みを処罰される行為といたしまして、これは三条、十六条でございますが、そこまでに至らない特定胚の作成、使用、管理については、行政的な監視を行うにとどめました。これは四条以下です。（中略）

御存じのように、我が国では母体保護法指定医による妊娠中期までの中絶は事実上自由です。もちろん法的には、多くの人工妊娠中絶は母体保護法の要件を満たしていない違法な行為だとも言えましょう。しかし、幼い胎児の生命が侵害されている状態が国によって放置され、あるいは甘受されているということには変わりはありません。そのような状態をそのままにしておいて、胎児と言えるまでにも育っていないヒト胚の侵害を生命の侵害として新たに処罰することは、到底フェアなこととは言えないように思われます。そうかといって、母体保護法を厳格に執行して、違法と思われる人工妊娠中絶をすべて刑法上の業務上堕胎として処罰すべきだとすることは、到底できないことだろうと思います。（後略）

西川参考人　（前略）ヒトの胚は我々と同じ人格を持った存在であるという意見と同時に、ただの細胞の塊であるという意見まで、幅広い意見が存在する社会に私たちは住んでいるのであるということを考えるべきではないかと思います。したがって、実際には基本理念を明確にできない。コンセンサスがないところで、しかしそれでも民主主義を守るかどうかという問題が、多分今後問われていくのではないかというふうに思います。（後略）

最相参考人　（前略）生命倫理委員会は、一言で言いますと、消化不良のまま、後味悪く終了したという印象であったと思います。クローン小委員会とヒト胚研究小委員会の二つの委員会の報告書で重要なことは、これだけのことが決定されたということではなくて、むしろ、こんなにたくさんのことが棚上げされてしまったということではないでしょうか。

それは、受精卵とは何か、命の始まりとは何かといった根本問題と、受精卵を用いた研究が既に行われている生殖医療について、生命倫理委員会は踏み込んで議論できなかったということです。(中略)報告書の中で注目すべき部分は、ヒト胚研究小委員会の報告書の最後のページ、参考資料として配られたこの分厚い報告書の百九十四ページに示された「おわりに」、このページだと思います。さまざまな意見がありましたが、結局、ヒト胚全体の議論はなされなかったこと、しかし、百九十四ページの最終行にありますように、「ヒト胚研究全般について、生命倫理委員会において幅広い観点からの議論を早急に開始するべきである。」と述べられています。三月に行われた委員会の最終日でも、ヒト胚の包括的な議論を行う委員会を早々につくるという約束がなされました。しかし、まだその委員会は行われておりません。もし、ヒト胚について審議が今少しでも進んでいたならば、政府案への信頼は、前国会の時点とは多少異なるものであったのではないかと思います。(中略)そうした前提で、以下二点に絞り意見を述べたいと思います。

まず第一に、ヒト胚全体の保護の必要性です。(中略)第二点目は、生命倫理委員長の適格性です。研究の直接的な利害に関係する研究者が倫理委員であった場合には、議論に参加するのはよしとしても、決議には参加しないことが公平を保つ条件ではないでしょうか。

受精卵を用いた研究の目的の一つは再生医療です。(中略)つまりは、これほど再生医療に密接な関係を持たれた力のある方が、同時に国の生命倫理委員長であって、果たして客観的で公平な判断ができるのだろうかと疑問を持つのです。委員会の審議や法案作成過程にこうした背景が影響を来したのではないか、パブリックコメントの期間が十分とれなかったのはこういう計画があったからではないかなどと思われてもやむを得ないと思います。これは、個人を批判するものではありませんが、そのような人事が何の疑問も持たれず通用してしまう現在の日本の倫理委員会のシステムには問題があると思います。(中略) 日本の生命倫理委員長の適格性については、世界的に権威のあるイギリスの科学誌ネーチャーのネーチャー・メディスン三月第六号でも、科学技術会議生命倫理委員長井村裕夫氏のインディペンデンシーに疑問があると指摘されております。

御輿参考人 (前略) 大まかに五つ問題点を箇条書きにしてございます。まず、問題点の第一、クローンの定義及びクローン技術の定義に関して (中略) 次に、問題点の第二ですけれども、クローン胚をつくるには未受精卵が必要なんです。受精卵でやった場合、ネズミでも成功しておりません。(中略) ですから、ヒトのクローン胚をつくろうとするならば、未受精卵の使用。常に新鮮な未受精卵が必要になります。というと、卵子の提供、実験への提供ということが行われるようになります。それに対する歯どめというのは全く考えられておりません。次に、問題点の三番目です。

この政府法案の、九種類ほどの非常にいろいろな種類の胚を並べてあるのですけれども、ヒト胚というときには、個人はAさん、Bさんまぜてあってもヒト胚、ヒト成分一〇〇%ならヒト胚。そして、動物の除核卵にヒトの核を入れた場合は、これはヒト性胚というふうに分類し、動物の核をヒトの卵子の除核卵に入れた場合を動物性胚というふうにしております。核がヒト由来であればヒト性、核が動物由来であれば動物性というふうな分け方をしております。ところが、卵細胞自体、細胞質自体というのは、そうしたら全くヒトの要素なりがないかというと、そうではなくて、人間の女性の除核卵に動物の核を入れても、これは動物の方の、その核の方の動物の子宮に戻しても着床する可能性はないですけれども、人間の方の子宮に入れれば着床の可能性があります。（中略）女性としては、そのような、女性の卵子に動物の核を入れる、それが動物性胚と言われるということに関しては、非常に心理的抵抗があると思います。これは、国民感情、女性の感情では絶対に受け入れられない定義だと思われます。（中略）それから第四点、ヒトとヒトとの集合胚、（中略）そのキメラ個体の産生は禁止項目に入っておりません。動物と人はだめだ、それは当たり前です。でも、人と人、人というのは、個性のない一つのヒト属という動物種ではなくて、それぞれが個性を持つ個人なんです。ですから、個人と個人になり得るその二つをまぜて、そしてそれを子宮に戻して個体を発生させることを禁止しないというのは、これはおかしいと思います。

そういうことをまさかやらないだろうと思われるかもわかりませんけれども、例えば、代謝性の疾患とか遺伝子疾患の場合、正常な胚とキメラをつくれば、それで一応治療効果を上げることができるというような、そういう遺伝治療の一つとしてこれは十分に考えられることで、もしも治療目的でキメラ個体をつくることをガイドラインで認めたとしたら、そういうキメラ個体が誕生する。これは、ヒトクローンよりはむしろ非常に可能性として高い。ですから、これこそ早急に禁止しなければいけないものなのに、そういうものは禁止項目に入っておりません。（中略）それから五番目。個体産生を防止する手段として、子宮に戻すことの禁止だけでは不十分。

これは本当に禁止しようと思ったら、研究自体を禁止しないことには、意図的、非意図的に子宮に戻してしまう、間違って戻してしまう。卵にそれぞれ特徴があって、名前が書いてあるわけではないので、間違えて戻すということもあります。どこで実験をするのか。ヒトの卵細胞ですから、生殖医療の現場で採卵したのを、隣の部屋で同じ顕微授精でやる。同じマニピュレーターでひょっとしてそういう操作をしたら、これは完全に間違えます。そういう間違いもあります。ですから、本当に個体産生を防止しようと思えば、研究自体も防止するということを考えなければ、早晩そういうことが起こると思います。（後略）

翌一一月一五日の委員会での議論。

山谷委員　この審議の席で何度も出たことでございますけれども、科学技術会議の委託で行われた生命倫理に関する世論調査の結果、その結果によれば、いつの時点から人として絶対に侵してはならない存在かという質問に対して、受精の瞬間からという回答が最も多くて三割を占めていた、あるいはまた、ヒトの受精卵の研究利用の是非についても、研究利用禁止及び厳重に規制すべきとの回答が六割を超えていたということは、何度もこの審議の中でデータが出されました。特定胚の取り扱いのみを規制する政府案においても、特定胚の作成に当たってヒト胚を使用する場合があるわけでございますので、今の長官のお答えではございますけれども、ヒト胚というのは他の人体の細胞とは異なるわけで、それ自体で一つの個体に成長し得るものであることから、ヒト胚は人の生命の萌芽であって尊重されるべきだという旨を今政府案に目的として書き込むことはいかがお考えでございますか。

大島国務大臣　（前略）ヒト胚という問題については、これからどのような国民の皆様方の合意形成というものが生まれてくるのか（中略）したがって、そのヒト胚というものにどのような保護を与えるべきか。これは繰り返して恐縮でございますが、さまざまなそれ以外の要件もそこにかかわってまいりますから、もう少し国民の合意をつくるために私どもも努力し、また各党間においてもさらに御努力いただきながら、そして一つの合意形成ができ、ある程度どうもこういうことだな、そのときに当たって私どもは、その問題はその問題として、その世界における秩序というものを考えていかなければならない、このように思っております。（後略）

衆議院では社民党と無所属一名のみ反対で、圧倒的賛成者多数で法案は成立し、参議院に回され、たった三回の審議で可決された。

以上が国会での経過である。他党も党議拘束がはずされていたならば反対者はもう少し増えたかもしれない。

それにしてもＥＳ細胞の商業化は加速され、卵子の提供はもっと柔軟になっていくことだろう。そしてタブーを破って体細胞クローン人間が作られる日もそんなに遠くないと思われる。私達は、この問題に対してもっと議論することが必要ではないだろうか。

第5章　胚は誰のものか……人クローン規制法と生殖技術

鈴木良子

不妊の立場から

私は不妊の女である。

二三歳で結婚、二年ほど避妊した後「そろそろ子どもを」と思い、チャレンジをしたのだが、ぜんぜんできなかった。妊娠もしなかった。検査に行こうかどうしようか悩んだが、自分に原因があるとなったら罪悪感（夫に子どもを抱かせてあげられない、など）に苦しみそうだし、夫に原因があったら一生夫を責めそうで、ずいぶん悩んだ末、検査・治療はいっさい受けないことに決めた。それでも子どもができないのは苦しく、一時は「誰の子でもいい」とほとんどやけくそで婚外性交渉（自家ＡＩＤと呼んでいる）に励んだことすらある。

その後、夫とは離婚。子どもができないという事実をめぐって人生への対し方の違いがあらわになってきたからである。あろうことか新しい恋人もほとんど精子がなく、もはや「子なし人生」は確定、二度と婚姻制度に入る気もなく、とりあえずいまはシングル女性として仕事に活動にと、忙しい日々を送っている。

活動というのは「フィンレージの会」だ。これは不妊の悩みを抱えた人の自助（セルフヘルプ）グループである。創立は一九九一年。『不妊』（晶文社）という本の翻訳・出版がきっかけで誕生した。全国レベルの不妊の当事者団体としては、おそらく日本で初めてのものだったろう。会員は年間六〇〇～八〇〇人。めぐり来る月経に泣き、家族連れを見ては泣き、「今月こそは」と「またダメだった」という期待と絶望のアップダウンの繰り返しで心がぼろぼろになっていた三〇歳のころ、私も入会した。不妊の苦しみをわかってくれる仲間、嘆きや悲しみをひたすら聴いてくれる仲間に出会ったことで、私はようやく救われた。仲間の話もたくさん聴いた。会に寄せられた手紙もたくさん読んだ。生業の「ライター・編集者」という技術を生かし、「レポート不妊」「新・レポート不妊～不妊治療の実態と生殖技術についての意識調査報告書」（いずれも会の発行）という二冊の本の作成にも携わった。仕事でも、一般向けに不妊治療の解説記事を書くことが多くなった。

そんな立場から、「人クローン規制法」について話をしたい。

子宮に戻さない限り、何をしてもいい？

成立間近の人クローン規制法案を読んでまず驚いたのは、第三条〈禁止行為〉だった。「何人も、人クローン胚、ヒト動物交雑胚、ヒト性融合胚又はヒト性集合胚を人又は動物の胎内に移植してはならない」とある。人のクローンをつくってはいけない、とはどこにも書いていない。子宮に戻さなければ何をやってもいいということなのか？　この条文だとクローン胚をつくるのはOKだし、実験室でクローン胚をあれこれいじくり回すのも自由。一瞬、映画「エイリアンⅣ」の主人公・リプリーの姿を思い出した。エイリアンの子ごとクローニング再生され、培養器（人工子宮）の中で漂うリプリー……。もちろん人工子宮はまだSFの世界。百年先でも実用化するかどうかわからない。しかし、それじたいはOKということなのだろうか……?

さらに不思議なのが、第四条〈指針〉である。ここでは体外受精胚以外の九種類の胚（=特定胚）については作成、譲受または輸入およびこれらの行為後の取り扱いについて文部科学大臣が指針を定めなければならないとしている。「ヒト受精胚」、つまり体外受精胚（本稿では体外受精胚または胚と表現する）は、〝管轄外〟なのだ。特定胚はすべて不妊カップルがみずからのためにつくった体外受精胚が〝原材料〟なのに。いったいどこから、どうやって、材料である体外受精胚を持ってくるつもりなのだろう。

第四条〈指針〉2の一では、「特定胚の作成に必要な胚（筆者注：体外受精胚のこと）又は細胞の提供者の同意が得られていることその他の許容される特定胚の作成の要件に関する事項」を指針において定めなければいけないとしているが、要するに提供者の同意を得ていることが確認できればよいようである。同意を得る方法や手続きについては、これまた〝管轄外〟だ。

これらの「同意を得る方法」や「胚の取り扱い」は、文部科学省ではなく総理大臣の諮問機関である科学技術会議の「生命倫理専門調査会」が調査・検討するそうである。二〇〇一年四月に第一回の会合がスタートしているが、どのような内容になるか、まだ見当もつかない。

胚とは何か。胚は誰のものか。どのように扱われるべきか。研究用に提供してもらうとしたら、最低限どのような手続きが必要か。そこをすっ飛ばして、胚の「使い道」だけが示されたクローン法。いったいどうしてこんな法律ができてしまったのだろう。

胚ができるまで――不妊治療の現場で

胚は、本来女性の胎内でのみ誕生するものだった。それがいまではin vitroすなわち培養皿の中で作成、細胞分裂をさせることが可能になった。いわゆる「体外受精（ＩＶＦ）」である。体外で胚を得るのは、生物学の長い歴史の中で待望の夢だったともいわれる。ヒトでの最初の成功報告（in vitroで胚が分割した）は一九四四年、日本でも一九六三年には同様の報告がなされている。

しかし、この技術を一気に推し進めたのは、イギリスのエドワード＆ステプトウ博士であろう。彼らは体外で胚をつくるだけでなく、できた胚を女性の子宮に戻して（胚移植という）、妊娠・分娩させることに成功した。赤ちゃんの名前はルイーズ。一九七八年のことである。当時は「試験管ベビー」などとも呼ばれた。

四年後の一九八二年には東北大学で、国内第一号「体外受精ベビー」が誕生。それから二〇年近く、いまや日本では体外受精・顕微授精を実施する施設として四四二の病・医院が日本産科婦人科学会に登録されている（平成一二年三月の数字）。私が「フィンレージの会」に入った一〇年前も、不妊仲間の間ではすでに〝あたりまえ〟のこととして「今度は体外受精を受ける」「受けた」という話が飛び交っていた。

しかし、体外受精を受けること、胚を得ることは、そう簡単ではない。ここで少し不妊治療のプロセスを説明しておこう。

医学的には、避妊せずにコンスタントに性交しているのに一～二年しても妊娠しない場合を「不妊」と呼ぶ。一九九九年に行なったフィンレージの会の実態調査でも、婦人科を受診した最初のきっかけの六割は「なかなか妊娠しなかったから」であり、妊娠しなかった年数は一～三年が多数を占める。最近は不妊という単語がマスコミにもしばしば登場するためか、結婚三～六カ月で子どもができないと「もしや私は不妊では」と不安になる人も増えた。

もっとも、この時点では体外受精はおろか人工授精さえ、ほとんどの人が想像もしていない。会の調査でも回答者八五七人中、四八％の人は「悪いところがあれば治して自然に妊娠したい」と希望していた。「とりあえず不妊の原因がわかればと思った」（一八・三％）「軽い相談のつもりだった」（一五・一％）という回答もある。この三つをあわせると八三％にもなる。が、現実には、多くの人が体外受精・顕微授精に進むことになるのである。

受診して、まず行なわれるのは基本検査だ。ひと昔前は、不妊というと女性に原因があるかのように言われたものだが、いまや不妊は男女半々に原因があるというのが常識である。だから男性の精液検査も最初に行なう。女性は基礎体温表をチェックしたり、血液中の女性ホルモン値を調べたりする。女性の検査は月経周期に合わせて行なわれるため、主な検査が終わるまで、二～三カ月かかる。

基本検査の中には子宮卵管造影検査もある。これは子宮口からカテーテルを入れ、子宮内に造影剤を注入し、X線写真を撮るものだ。卵管や子宮の状態がわかると言われている。しかし、激しい痛みを訴える人が多い。「泣いて、もうやめて！と訴えた」「失神した」「後で大量出血した」などの声もある。

フーナーテスト（性交後検査）も基本検査のひとつだ。排卵期の朝、性交して急いで病院に行き、子宮内に精子が昇っているかどうかを確認するのである。

しかし、こうした一連の検査をしても原因が特に見当たらないことも、よくある。実は不妊に悩むカップルの三分の一は「原因不明の不妊」なのだ。

その場合、通常は「タイミング指導」と呼ばれる治療から始める。大きな問題が見当たらないカップルも同様だ。それでもだめなとき、人工授精（精子を子宮内に注入する方法）、体外受精と進んでいくのである。

しかし、ここからがまた楽ではない。

たとえば、タイミング指導は排卵の時期に合わせて性交をする方法なので、医師に夫婦のセックス日を指定・管理されるという苦痛がある。「セックス・バイ・ザ・カレンダー」とも言うくらいだ。そのために夫がインポテンスになることも少なくない。また、女性は受診のたびに内診台に乗ることになる。大きく広げた脚を固定し、性器をさらす格好になる（男性も一度体験してみるとよい）。

大病院の場合、内診台が何台も並んでいて、人工授精のときなどは脚を広げて待機している女性の子宮に医師が次々と精子を注入する……という光景になる。ある女性はこれを「私は種つけされる牛や馬のよう」と表現した。

タイミング指導も通常は最低半年、人工授精も一回で妊娠することは少ないので、毎月、あるいは一カ月おきとかにくり返すことになり、そのうち心身がまいってしまう。人工授精も、目安は「五～六回」と言われるが、一〇～二〇回受ける人もいる。会の調査では、最高で五二回。けれど、出産に至ったのは人工授精を受けた五二七人中三八人。わずか七・二％である。医学的にも、人工授精での妊娠率は一回あたり五～一〇％と言われる。

胚に寄せる「祈り」

そして、多くの人が望みをかけて体外受精・顕微授精に進む。人工授精までは「一般不妊治療」、体外受精・顕微授精からは「ART（assisted reproductive technology：高度生殖補助技術）」と呼ばれる。ここでできる胚（受精卵）で「余ったもの（余剰卵）」が、ES細胞やクローン胚の〝原材料〟と目されているわけである。

体外受精は、その名の通り、卵子と精子を体の外で受精させる技術である（妊娠の仕組みについては一二一～一二三頁　図2を参照）。男性の精子は、マスターベーションで精液を容器の中に出すことで採取する。身体的な負担はないが、心理的には大変だ。むろん自宅でマスターベーションして持参するという方法もあるのだが、フレッシュなほうがやはりいいので、やっぱり病院で……ということになる。新規開業の不妊専門病院は個室でゆったりした「採精室」を備えたところが多いが、ほとんどは病院のトイレでマスターベーションをするはめになる（これは人工授精のときも同じだ）。

一方、女性の卵子は、長い針がついた超音波プローブを膣から入れ、その針を膣壁から卵巣に向けて刺し、卵子を包んでいる卵胞液ごと吸い出すことで採取する（採卵と言う）。体外受精がスタートした当初は下腹部にメスを入れ、腹腔鏡を用いて外科的に卵子を取り出していたので、それに比べれば楽になったと言えるだろう。体外受精が普及したのは、この「経膣採卵」が可能になったためでもあるのだ。しかしノーリスクではない。針が膀胱や静脈に刺さって大出血を起こすなどの例もある。

また、女性は採卵に先立って、排卵誘発剤と呼ばれるホルモン剤の投与を受ける。体外受精・顕微授精の成功のカギは、とにかくたくさん卵をつくることにあると言われるからだ。むろん、人工授精のときも妊娠のチャンスを増やすために排卵誘発剤は用いられるが、体外受精・顕微授精のときに使う排卵誘発剤の作用はそれより強力で、多くは「最高強度」の用い方をされる。

一般的なのは「GnRHアナログ併用」で、具体的に言うと、「スプレキュア」「ナサニール」「リュープリン」（いずれも製品名）などの薬を用いる。いずれも子宮内膜症の治療薬として登場した薬で、子宮内膜症のときはゴナドトロピンというホルモンの分泌を押さえ、一時的な閉経状態にするのが目的だが、排卵誘発のときは簡単に言うと外からホルモンをコントロールするのが目的だ。要するに、この薬をしばらく使い、いったん本人の体から出るホルモンを止めてしまうのである。

その後、あらためて卵胞を育てるための排卵誘発剤（HMG製剤またはFSH製剤）を注射する。七〜一四日間毎日連続で注射するのが基本だが、三日おきなど、バリエーションも多い。いずれにしても、女性は注射を打ちに何度か病院に通わなければならないし、筋肉注射なので痛く、おしりや肩がいちごのようにぼこぼこに腫れあがる。しかも、この薬は卵巣に直接働きかけるため、副作用も強い。会の調査でも、多くの人が吐き気や頭痛、めまいなどの副作用を訴えている。卵巣が腫れ、中から体液が漏れ出し、おなかに水がたまる副作用（卵巣過剰刺激症候群）も珍しくない。入院治療が必要になることもあるし、ときには漏れ出した水が肺を圧迫して呼吸困難におちいり、命が危険になることさえある。

そんな大変な思いをしてやっと採卵できても、精子が卵子の中に進入できなかったり、精子が入ってもその後の細胞分裂がうまくいかなくて、そこで終わってしまうこともある。たとえば卵が一〇個取れても、受精するのは八個ほど。そのうち良好胚（妊娠が期待できるいい状態の胚）になりうるのは五個とも言われる。胚ができて子宮の中に戻せても、一回あたりの妊娠率は二〇％程度。妊娠しても四回に一回は流産するし、最終的に赤ちゃんを抱けるのは一回のチャレンジあたり一二％程度だ（全年齢の平均：日本産科婦人科学会のデータによる）。男性の精子が極端に少ない場合や自力で卵子の中に入れない場合は、卵子の中に一〜二個の精子をピペットで送り込む「顕微授精」が用いられるが、これも出産率はやはり一回のチャレンジあたり一五%程度である。

フィンレージの会の調査では、治療年数は平均で四・三年、最長一八年。通った病院の数は平均二・七カ所、最多で一五カ所。しかもこの間、女性は周囲から「子どもはまだ?」「墓守はまだか」「孫の顔を見なければ死んでも死にきれない」「子どもひとつつくれない嫁」「半人前」など、さまざまな圧力を受けていたりもする。男性にもさまざまな苦しみがある。また、体外受精・顕微授精は保険がきかない自費診療で、一回あたり平均で三五~四五万円かかる。家計への圧迫も否めない事実、体外受精・顕微授精を受けている人たちの場合、これまでの治療に要した費用は一〇〇~三〇〇万円。中には四〇〇万円以上かかったという人もいる。一回で妊娠することは少なく、受ける回数の目安は三~五回と言われるが、子どもへの夢をあきらめきれず、六回、一〇回と受けていく人もいるのだ。会の調査でも、最高は一三回だった。排卵誘発剤を用いても採れる卵の数が少ない、あるいは加齢とともに採れなくなるというケースも多く、まさに一回一回、一個一個の胚に、「今度こそは」と祈るような思いを寄せて、治療をつづけているのである。

「余剰胚」など、ない

ES細胞研究や他の研究では、これら不妊治療での「余剰胚」を用いるとされている。しかし、いったいどこに「余っている」というのか。「凍結保存している胚があるではないか」という声も聞かれるが、じょうだんではない。これは、夫婦が苦労してつくり、祈りを込めて保存しているのである。

たとえば、初めて受けた体外受精で胚が一〇個できたとしよう。子宮に戻すのはそのうちの三個である。これは多胎妊娠の防止のためだ（日本産科婦人科学会が、三個までという会告を出している。もっとも現実には守られておらず、会の調査では一五個戻したという例もあった）。残った七個は凍結する。妊娠しなければ、次回からは女性の自然の月経周期にあわせて胚を解凍し、子宮に戻す。こうすれば女性はリスクのある排卵誘発や採卵を何度も受けずにすむ。妊娠しなければ、保存しておいた胚がなくなるまで解凍〜胚移植を繰り返すのが普通なのである。凍結胚はカップルにとって、とりわけ女性にとって、「わが子」になるかもしれない大事な大事なものなのだ。

仮に「余る」としたら、凍結保存しておいた胚を使い切る前に妊娠・出産したときだろう。しかし何度も言うが、これは夫婦にとって宝物。一人子どもができたからといって、あっさり「いりません」と言えるかどうか疑問である。本当に「もういい」と思える日まで保管しておきたいという人もいる。倫理的な問題はさておき、「二人目用にとっておきたい」と希望する人もいる。

フィンレージの会の会報には、次のような声も掲載された。

「研究用に提供してもらえるか、と聞かれたら廃棄を選ぶ。我々が注射の痛みに耐え、採卵の苦痛に耐え、大金を使い、副作用に泣き、やっとできた大切な大切なタマゴを『はい、どーぞ』などと言えるほど、私はココロが広くない。これでは我々のタマゴは世の中の人々の『道具』にしかすぎなくなってしまう」

「まず受精卵が『余る』事態（筆者注：過剰な排卵誘発）を極力減らすのが条件」

「基本的には受精卵（卵子）の所有者の判断で決めればいいが、NOと言える環境を整備するべき」

胚盤胞移植の影響

不妊治療の現場では、「胚盤胞移植法」を実施する施設も増えてきた。体外受精における胚移植は細胞が四〜八個に分割したあたりで行なうのが普通だが（採卵後一〜三日）、四〜八分割というのは、自然の妊娠であればまだ卵管の真ん中あたりを移動している段階である（一一二〜一一三頁 図2）。人間の場合、子宮内でも卵管内と同様に胚を発育させることが可能なので早めに子宮内に戻したほうがいいと考えられたので、この段階で胚移植をしてきたわけだが、現実には何度状態のいい胚を戻しても妊娠しない人がいる。そのため、四〜八分割ではなく、その先の「胚盤胞」まで体外で培養してから（採卵後五〜七日）子宮に戻したほうが妊娠率が向上するのではと多くの医師が考え、研究してきた。

しかし、これまで、体外で胚盤胞まで生育させることが、技術的にできなかったのである。それが、一九九七年ごろやっと可能になった。ES細胞は、この胚盤胞内の細胞を取り出してつくる。一九九八年、初めてヒトでのES細胞樹立が報告されたのも、まずは「胚盤胞までの体外培養」の成功があったからである。

もちろん、不妊治療にもさっそく臨床応用された。一九九七年には広島HARTクリニックが日本で初めての「胚盤胞移植による赤ちゃん」を誕生させている。現在は胚盤胞をうまく凍結・解凍する技術も開発されたそうだ。

同時に、なかなか妊娠しないで悩んでいた人たちが、胚盤胞移植を希望するようになった。「これなら赤ちゃんが抱けるかも」という期待を持って。その結果、前述の広島HARTクリニックのように胚盤胞移植に積極的な施設は胚凍結が少なくなってしまったという。これまでは四分割あたりで凍結していたわけだが、その先まで培養し、本当にきれいな胚盤胞に成長した胚のみを、子宮に戻すからである。質のよくないものは、この過程の中で淘汰されてしまうわけだ（一方、妊娠率は向上したそうである）。余剰胚として期待されているのは、おそらく「四分割あたりで凍結された胚」なのだろう。しかし、これが将来は少なくなりそうだ。胚盤胞まで発育して凍結された胚はむしろES細胞の樹立にはうってつけの材料だが、そこまで順調に発育する胚も意外に少ない（良好な胚でも、体外で胚盤胞まで発育するのは五〇％ほどと言われる）。発育したのであれば当然、不妊カップルが用いるから、ますます余剰卵は期待できなくなるかもしれない。

先日も、ある不妊専門医に「いま、ES細胞の件が問題になってますね」と話したら、「ES細胞って何ですか?」と聞かれてしまった。良くも悪くも不妊専門医の〝使命〟は患者を妊娠させること。胚はそのために用いるものであり、医師にしても、余るなどとイメージしていないようである。

胚をめぐる未解決の問題

とはいえ、胚は不妊カップルが思うほど大切に扱われているのだろうか。そうは思えない。

第一に、胚をどう取り扱うべきかの規定がない。

たとえば、できたての「新鮮胚」を考えてみよう。前にも書いたが、多胎妊娠のリスクを避けるには子宮に戻す胚の数は三個までにするのが原則である。残ったものは凍結保存するのが望ましい。しかし、平成一〇年中に体外受精―胚移植を実施した三七七施設のうち、胚凍結を行なったのは一五八施設(四二%)。前年より増加したものの、半分に満たない(日本産科婦人科学会のデータによる)。胚凍結・解凍の技術が導入されていないのだ。こうした施設ではかなりの数の胚が「新鮮胚」のまま廃棄されていると思われる(せっかくできたのにもったいないと、三個以上の胚を子宮に戻してしまうこともよくあるが)。また、技術のある施設でも、すべての胚が凍結されるわけではない。「グレードの低い胚は凍結保存しても解凍時に使えなくなることが多いので最初から凍結しない。良好胚のみ凍結する」という施設もある。

しかし、ここで「使えない」と判断された胚は、本当に廃棄されたのだろうか。確かに医師は「使わなかった分は廃棄します」と言うのだが、患者には確認するすべがない。「今回は何個卵が取れました、受精卵ができましたって言われても、見せてもらったわけではないから本当にその数だったのかわからない」「廃棄せず、研究用に回しているのでは」という不安を口にする友人もたくさんいる。

現在は凍結胚がターゲットだが、新鮮胚の研究利用が許されたら、研究者はグレードの低い胚を手に入れようと、むらがるのではないか。そうした胚がどれだけ研究に役立つかは不明だが、それらの「余剰胚」をつくり出すために、過剰な排卵誘発剤の投与が行なわれるのではという不安の声も、かなりある。

いずれにせよ、どのような胚が廃棄の対象になるのか明確な基準はなく、胚を使った研究がどうあるべきかの法律も、いまだない。

第二に、胚がいつまで保存できるかの規定がない。

日本産科婦人科学会は会告で「胚の保存は、夫婦の婚姻の継続期間であって、かつ卵を採取した母体の生殖年齢を超えないこととする」としている。日本不妊学会もこれに順じたうえで、「現実的には胚で五年間、卵で一〇年間とするのが妥当である」としている。しかし、これらはあくまで自主基準。たとえば、神奈川県内のあるクリニックでは、胚の保存を一年までとしている。凍結に使う液体窒素のコスト、場所などを考えると、その病院では一年が限界だそうだ。一年が経過したものについては「廃棄します」と夫婦に連絡をしているという。要するに、〝現場まかせ〟なのだ。一方で、保存料金を取っておきながら、保存の条件や期間を明示してない施設もたくさんある。フインレージの会の調査でも、胚凍結した人の四割が「保存期間は明示されなかった」と回答している。「突然、病院から凍結費用の請求書が送られてきた」という話さえある。閉経後でも薬を用いることで妊娠・出産が可能になったいま、「生殖年齢を超えない」というのは何歳までを指すのかも問題であろう。

第三が、胚は誰のものかという問題である。

前記のようなあいまいな条件、状態で胚を保存しておいたらどうなるか。たとえば夫婦が離婚したり配偶者が死亡した場合、凍結保存しておいた胚はどうなるのだろう。離婚に際し、妻が「廃棄」を主張し、夫が「研究に」と主張したら、どちらの意見が優先されるのか。婚姻が継続されていたとしても、意見が分かれたときはどうするのか。夫婦二人ともが突然死亡した場合はどうなるか。

イギリスやフランスでは、胚の保存期間の限度を法律で決めている。また、パートナーが死亡したり、両者の見解不一致の場合にどうするかの規定もある。日本には、こうした胚の所有権・使用権を規定した法律も、いまだない。

胚の五つの「使い道」

なのに、胚の「使い道」だけはどんどん示される。以下に整理してみよう。

①　わが子を設けるためにつくる胚
②　他のカップルに提供できるものとしての胚
③　生殖技術や不妊治療の研究に用いられる胚
④　クローン研究に用いられる胚
⑤　ES細胞研究に用いられる胚
⑥　廃棄される胚

②「提供」は、二〇〇〇年一二月、厚生科学審議会・先端医療技術評価部会／生殖補助医療に関する専門委員会が打ち出した「使い道」である。同委員会の「精子・卵子・胚の提供等に関する生殖補助医療のあり方に関する報告書」が余剰胚を他の夫婦に提供することを認めた。同省はこの報告書を受けたかたちで平成一五年をめどに法律を国会に提出、監督機関、カウンセリング体制などを整備しようとしている。

③は、日本産科婦人科学会が会告で認めている「使い道」だ（ただし採卵から二週間以内に限る）。しかしこれもあくまで自主基準で罰則もないし、拘束力もない。④、⑤は、クローン法により〝解禁〟された使い道である。指針は現在、科学技術会議「生命倫理審査会」が作成中という。

②〜⑤は、すべて不妊カップルから胚の提供を前提にしている。にもかかわらず、提供者である

不妊カップルに対して、みずからの胚の行く末を決める権利や、その手続きは、いまのところ保証されていない。胚は何からも規定されず、守られず、実は「フリー状態」で漂っているのである。早急に、法律を整える必要があろう。また、その際は選択肢として⑥「廃棄」を確実に保証することも重要である。これは「何にも利用せず、ただ静かに葬ってほしい」という意味だ。「使わないと決めた」からといって、他の人や機関が好きに用いてよい、ということにはならないのである。

次に狙われるのは「卵」

そのうち、胚の前段階である「卵」も、研究材料のターゲットになるだろう。これまでは卵単体での凍結保存・解凍が技術的に困難だった。胚もそうだが、卵はそれ以上にデリケートで、凍結・解凍すると、使用不可能になってしまうのである。しかし、現在はこれが可能になりつつある。海外ではすでに凍結・解凍した卵を用いて妊娠・出産に至った例が報告されている。

日本でもこの技術が向上し、仮に法律で卵提供も認められたとしよう。「胚の使い道」は、そのまま「卵の使い道」になる。提供のための排卵誘発が許されるなら、研究目的のために排卵誘発を受けることがなぜ悪い、ということにもなろう。「卵をどう使うかは本人の自由」という声が出てくることも、十分に予想される。

現実に、卵を使った「若返り法」も研究されている。加齢などで卵子の状態がよくない場合、状態をよくするためにドナー（若い女性）から卵子をもらい、その細胞質の一部を自分の卵子の中に注入するのである。若い女性の卵子から核を取り出し、自分の卵子の核とすべて取り替える「核置換」もある。核置換の場合、細胞質はすべてドナーのものなので、細胞質に存在するミトコンドリアが原因で起こる「ミトコンドリア病」を子どもに遺伝させない手段としても、有望視されている。いずれも提供卵のあることが前提だが、この道も開かれてしまうかもしれないわけである。

ホルモンに問題のない健康な若い女性の場合、排卵誘発を行なうと、ときには両卵巣から二〇個くらいの卵が採れる。とりあえず「提供用」として、依頼者夫婦の夫の精子と受精させ、一〇個の胚ができたとする。三個妻の子宮に戻して、運良く一回目で妊娠したら、残り七個はどうなるのか。誰に使用権、決定権があるのか。卵子を提供したドナーか、それとも依頼者の夫か。双方の合意か。依頼者である妻の意向はどうなるのか。

先に紹介した厚生科学審議会・先端医療技術評価部会／生殖補助医療に関する専門委員会の報告書は、余剰胚の提供を認めるとともに、「余剰胚の提供を受けることが困難な場合には、精子・卵子両方の提供によって得られた胚の移植を受けることができる」としている。提供者にしてみれば、そら恐ろしい話ではないのか。見も知らぬ異性の精子（卵子）と受精され、これまた見も知らぬ夫婦の妻の子宮に戻される胚。さらに怖いのは、こうしてつくられた胚が研究用になることである。「不妊夫婦に提供できて、なぜ研究用にはダメなのか」「本人たちの意志ではないか」という意見も、当然、出てくるであろう。

人の「生殖」のゆくえ

最後に、人クローン規制法に、もう一度戻ろう。実はリプリーのイメージ以上に、衝撃を受けた点があったのだ。

この法律で、人間の子宮に戻してよい（戻すことを禁じられていない）ものに、「ヒト受精胚」「ヒト分割胚」「ヒト胚核移植胚」の三つがある。なぜ、これらが第三条の「禁止」から外れたのか。

確かに、「ヒト受精胚」は通常の体外受精でできた胚だから、禁止するわけにはいかない。ここまではよい。

問題は「ヒト分割胚」である。人間の胚は子宮の中でさらに複数に分割することがある。いわゆる「一卵性双生児」だ。同法ではこれを人為的に、体外でつくったものを「ヒト分割胚」と呼んでいる。

平成一二年一一月一四日に開催された第一五〇国会・科学技術委員会で、参考人として呼ばれた京都大学医学部教授・西川伸一氏は、こう説明する。「たくさんの受精卵が採れない患者さんの場合、可能性として、生殖医療で子どもを得る可能性を増やすために四分割する操作が入ることはあり得ると思います」と（傍点筆者）。西川氏は、つづいて「ヒト胚核移植胚」についてもこう説明する。「やはりミトコンドリア病の発症予防、それからミトコンドリア病の根絶という問題に理論的にもつながるし、研究は進むと僕は思います。これも、実際に治療として子宮に戻される可能性を予測します」（傍点筆者）。

この国会議事録を読んだとき「あっ」と思った。要するに、臨床応用が念頭にあるがゆえに、これらが規制から外されたのだ。

しかし、体外で胚を操作し、人為的に双子、三つ子をつくることが果たして許されるのだろうか。「何としてでも子どもが欲しい」「でも卵が採れない」という人は、その熱情ゆえに、本当にこの技術を使ってしまうのだろうか。体内で起こっているのと同じこと、といわれればそれまでだが、何だか頭がくらくらする。卵子の核置換もすでに「もはや臨床応用は間近」ととらえられているらしい。そういう前提で、この法律は作られていたのだ。

不妊治療の専門医からは、「クローンがOKなら、提供精子で子どもをつくる（AID＝非配偶者間人工受精）より、夫のクローンを欲しがる人のほうが多いんじゃない？」という声まで出てきている。夫の体細胞核を妻の卵子細胞質に入れて、子どもをつくるのだ。できた子どもは夫との双子になる。卵巣のない女性、卵の採れない女性が、自分の体細胞を使って自分の双子をもうけることも、できる。

女性の体の中でしか存在しなかったはずの卵や胚は体から切り離され、所有権や使用権、使用法までを取りざたされる存在になってしまった。いま精子・卵子・胚は、あげたり、もらったり、売り買いさえ可能な「モノ」として浮遊している。

いったい、人はどこまで行くのだろう。

第6章　技術推進がもたらすもの――再生医療の現状と危険性

粥川準二

再生医療とは何か?

ここ最近、「再生医療」もしくは「再生医学」と呼ばれる新しい医療分野が注目を集めている。再生医療とは、ごく簡単にいえば、病気やケガで失った組織や臓器の機能を回復させるために、本人または他人の細胞を取り出して培養し、それを患者に移植するという治療手段である。たとえば、トカゲのしっぽは切られてもすぐに生えてくる。ヒトでも小さな傷ならやがて治る。しかし、大きな傷や働かなくなった臓器はそう簡単には治らない。そこで医学研究者たちは、人工臓器や他人からの臓器移植の技術を開発し、実用化してきた。ところが本来の臓器を完全に代替できる人工臓器はなかなか実現せず、臓器移植の場合もドナー(臓器提供者)の絶対的な不足に加えて、患者と適合するドナーが見つかるとは限らない。そのうえ脳死移植の場合には、他人の死を待たなくてはならないという根本的な問題が存在し、抵抗感は根深い。たとえ移植を受けられたとしても、副作用も指摘されている免疫抑制剤を死ぬまで飲まなくてはならない。

ところが、人体がもともと持っている再生能力をうまく引き出してやれば、これまで不可能と思われていた組織や臓器の再生も可能であることが、発生学などの研究によって明らかにされてきた。こうした知見の積み重ねが、従来の臓器移植や人工臓器に替わる再生医療という概念を誕生させたのだ。いま、再生医療は新しい医療技術として期待されており、テレビや新聞などマスコミでもたびたび取り上げられている。

再生医療とはいっても明確な定義があるわけではなく、いくつかの種類に分けられる。その一つには主に発生学をベースにし、後述する「ES細胞」をはじめとする各種幹細胞を人為的に分化させることで組織や細胞をつくり出す、発生工学な再生医療である。幹細胞とは、分化する前の段階の細胞のことであり、白血球や赤血球など血液になる造血幹細胞、骨や軟骨になる間葉系幹細胞など多くの種類が存在する。幹細胞を必要な細胞に分化させるには、分化誘導物質と呼ばれる化学物質か、遺伝子操作が必要である。患部に移植するだけでは分化しない。

もう一つは主に工学をベースにし、生きた細胞を人工材料と組み合わせるなどして組織の再生や臓器の再建を行なうティッシュエンジニアリング（組織工学）である。

本稿では、主に前者、とりわけES細胞について述べる。

再生医療には「自家移植」と「他家移植」がある。自家移植とは、患者本人の細胞を取り出し、それに何らかの加工を施したり、量を増やしたりしてから、また再び患者の体に移植するという手法である。「自家培養移植」などともいう。それに対して他家移植とは、他人の細胞を取り出してきて、それに何らかの加工を施したり、量を増やしたりしてから、患者の体に移植するという手法だ。「他家培養移植」などともいう。具体的には、多くのドナーから細胞を集めて「バンク」のようなものをつくり、患者それぞれに適合するように、必要に応じてそこから細胞を選び出し、患者に移植するという手順が行なわれる。こうした再生医療に注目が集まるきっかけとなったのは、一九九八年一一月、ベンチャー企業から資金を提供されたアメリカの研究者らが、世界で初めて、ヒトのＥＳ細胞の樹立に成功したと発表したことである。

ＥＳ細胞について述べる前に、まず再生医療の技術開発がなぜ国家戦略にまでなって進められているのか、その背景を見てみよう。

ミレニアム・プロジェクトとバイオ技術

二〇〇〇年五月二二日、霞ヶ関の全社協・灘尾ホールで、厚生省とその認可法人である医薬品副作用被害救済・研究振興調査機構の主催による「疾患ゲノム・再生医療プロジェクト研究計画発表会」が開かれた。いわゆる「ミレニアム・プロジェクト」における厚生省管轄分野の研究内容の説明会である。

「亡くなられた小渕前総理の高い志を語ることなく、このプロジェクトを実施することは不可能です」宮城勉・内閣内政審議室内閣審議官が壇上で力を込めてそう説明している。僕はそれを会場の片隅でいらだちながら聞いていた。彼の説明によると、ミレニアム・プロジェクトとは、小渕前総理が「二一世紀の豊かな経済社会を築くため」に、「大胆な技術改革に取り組むこととし」、一九九九年七月に実施を表明した産官学共同プロジェクトだという。正式に内閣総理大臣決定として発表されたのは、同年一二月一九日である。

このミレニアム・プロジェクトが見据えているのは「情報化」、「高齢化」、「環境対応」の三分野における技術革新である。平成一二年度予算では「情報通信・科学技術・環境等経済新生特別枠」として、二五〇〇億円が配分されたという。三分野のうち高齢化に含まれている研究課題が「ヒトゲノム解析」と「イネゲノム解析」、そして「再生医療」という三分野のバイオテクノロジーである。なかでもヒトゲノム解析が本命といわれ、「ミレニアム・ゲノム・プロジェクト」とも呼ばれているが、再生医療もまた大きな課題となっている。

僕はこのプロジェクトについて説明した「ミレニアム・プロジェクト（新しい千年紀プロジェクト）について」という公文書を初めて読んだとき、なぜ「高齢化」にこのようなバイオテクノロジー関連の研究ばかりが含まれるのか、非常に不思議に思った。直接的に高齢者のためになるとは思えなかったからだ。

このプロジェクト策定の背景には何があったのか。宮城審議官は壇上で次のように続けた。

「昨年（一九九九年）五月、官邸で開かれた産業競争力会議の会合において、産業界から小渕前総理に『革新的な技術開発をしてください』という強い要請があったのです」

まず、いくらもっともらしい口実が並べられていようと、ミレニアム・プロジェクトの発端は産業界からの要請であったということを宮城審議官の話から確認したい。

産業競争力会議とは、故・小渕前総理が民需主導の経済再生に不可欠な製造業の体質改革と生産性向上を目指し、自ら議長となって、一九九九年三月に発足させた私的懇談会である。一九八〇年代のレーガン政権下のアメリカで「強いアメリカの復活」を目指して官民共同で発足された「大統領産業競争力委員会」をモデルにしたといわれている。その第五回目の会合で、産業界からの要請に応えるかたちで、故・小渕前総理がこのプロジェクトの原型を提唱したのだ。

マスコミではミレニアム・プロジェクトのこうした発端はほとんど伝えられていないが、興味深い記事もあることはある。『日本経済新聞』二〇〇〇年五月七日付の連載「政治と産業」第三回目によると、故・小渕前総理は一九九九年一〇月、介護保険の導入を控えて老人ホームなどを視察したとき、「痴呆症やがんを克服したい、遺伝子研究を世界的レベルに引き上げる」と述べて、バイオ研究をミレニアム・プロジェクトの中心にするという考えを初めて表明したという。

産業人と懇談した末の考え抜いた演出だった。

と同記事は書く。さらにその演出にはどのような背景があったのだろうか。同記事によると、故・小渕前総理にバイオテクノロジーの重要性を説いたのは、元味の元社長の歌田勝弘氏と東レ会長の前田勝之助氏らだったという。

「なぜ高齢化なんだ」。小渕氏の「バイオ宣言」に先立つ昨年（一九九九年）六月。前田氏は一通の紙を見て憤った。（中略）前田氏もメンバーの同会議（産業競争力会議）は「バイオ」を重点項目に挙げていたが、これがいつの間にか「高齢化」に差し替わっていた。「高齢化」という広い分野設定なら福祉機器やバリアフリー住宅の開発も予算が獲得できる。関係省庁の縄張り争いをかぎ取った前田氏らは、小渕氏を最大のロビイング対象と定め、機会をとらえてはバイオの重点化への説得工作を展開した。

次に述べる「官民の十分な連携」とはこのことだった。ミレニアム・プロジェクトの中身はそうした中で決定されていったのだ。前述の「ミレニアム・プロジェクト（新しい千年紀プロジェクト）について」には、次のように書かれている。

具体的な事業内容の構築に当たっては、省庁横断的な取り組みと官民の十分な連携を図ることはもとより、明確な実現目標の設定、複数年度にわたる実施のための年次計画の明示や有識者による評価・助言体制の確立を図るとの新たな試みを取り入れている。

つまり、二五〇〇億円もの国の予算の使い道を「官民の十分な連携」によって、民間企業の意向を取り入れて決定し、彼らのビジネスのために必要な基礎技術を国のカネで開発していこうというのである。

国家戦略の中の再生医療

二〇〇〇年四月一七日、都内のホテルに政界、産業界、学会から約五〇〇人が集まり、「ライフサイエンス（生命科学）サミット」が開かれた。いわば産官学によるミレニアム・プロジェクトの出陣式だ。「情報産業のように後れをとってはならない」とあいさつしたのは自民党幹事長（当時）で「ライフサイエンス議員連盟会長」の加藤紘一氏。しかしその後、加藤氏は自民党内の抗争に負けて失脚したが。

掲げられている目標を再生医療に絞って見てみよう。前述の公文書によると、「自己修復能力を用いた再生医療の実現」を二〇〇四年までに目指すという。具体的には、骨・軟骨（関節リウマチ、骨粗鬆症など）、血管（糖尿病、高血圧など）、神経（パーキンソン病、脳梗塞など）、皮膚・角膜（床ずれ、熱傷など）、血液・骨髄（がんに伴う貧血、再生不良性貧血など）を対象とする再生医療の基礎技術、そしてそれぞれの移植技術・品質確保技術の確立である。高齢化社会特有の疾病がターゲットとされていることがわかる。その実施機関として、それぞれ北里大学、国立循環器病センター、国立精神・神経センター、杏林大学、国立がんセンター、国立医薬品食品衛生研究所を筆頭に、数カ所の研究機関があげられている。

それらとは別に「発生・分化・再生科学総合研究」として掲げられている目標もある。高等生物の特徴的現象である、受精卵から個体への発生、細胞の機能分化。形態形成等に係る遺伝子制御システム等の解明を強力に推進し、先進的な再生医療の実現を図る。

ES細胞にかかわる研究はこちらに含まれるはずだ。実施機関として、理化学研究所発生分化再生科学総合研究センター、東京大学医科学研究所、関西地区先端医療センター、岡崎共同研究機構統合バイオサイエンスセンター、熊本大学発生医学研究センター、京都大学再生医科学研究所など一一の研究機関があげられている。

この公文書では、民間企業の名前はあげられていない。国の予算を使って、国立の研究機関や大学が、民間企業との相談で決められた目標を目指して研究を行なって、やがて新技術が登場し、それを民間企業が活用する、という筋書きなのだろう。

以上のように、ミレニアム・プロジェクトは高齢化を大きく掲げていながら、具体的に目指すのは高齢者のための技術というよりも、高齢化社会を市場として狙う民間企業のためのバイオ関連技術ばかりである。再生医療の記述だけを見てもそれは明らかだ。現在、二〇〇〇年一一月三〇日に成立した医療保険制度改正関連法などにより、医療における高齢者の負担はますます増えつつある。高齢社会を迎えているにもかかわらず、高齢者にとって最も大切な医療や福祉は、社会の負担を増やさないという名目のもと切り捨てられる方向に向かっている。そのなかでミレニアム・プロジェクトの目的が高齢者のためではなく、民間企業のための技術開発であるという構造こそが、最大の問題である。

そしてその材料となるのは、ヒトの受精卵や未受精卵（卵子）、精子、体細胞なのである。

ＥＳ細胞とは何か？

話をＥＳ細胞のことに戻す。

ＥＳ（Embryonic Stem）細胞とは、「胚性幹細胞」と訳され、発生初期の胚（受精してから子宮に着床するまでの卵）からつくられる特殊な細胞のことだ。ＥＳ細胞には大きな特徴が二つある。一つは身体のあらゆる臓器や組織に分化する能力「多能性」であり、もう一つは多能性を秘めたまま無限に増殖できるという能力「不死性」である。通常の細胞は一定の回数分裂するとそれ以上は分裂できない。がん細胞など不死性を持つほかの細胞では染色体の数が通常の数から増減することが多いのだが、ＥＳ細胞は通常の状態を維持し続ける。だからＥＳ細胞は、マスコミなどでは「万能細胞」などとも呼ばれる。

ヒトでは受精後五〜七日の「胚盤胞」と呼ばれる初期胚の内部を取り出してつくる。マウスでは一九八一年に初めてつくられ、トランスジェニック（遺伝子導入）マウスの作成などに利用されている。それ以来、ＥＳ細胞または後述するＥＧ細胞は、ニワトリ、ミンク、ハムスター、ブタ、アカゲザル、キヌザルですでに報告されている。なお、アカゲザル、キヌザルは後述するトムソンら

図5　ES細胞とは何か?

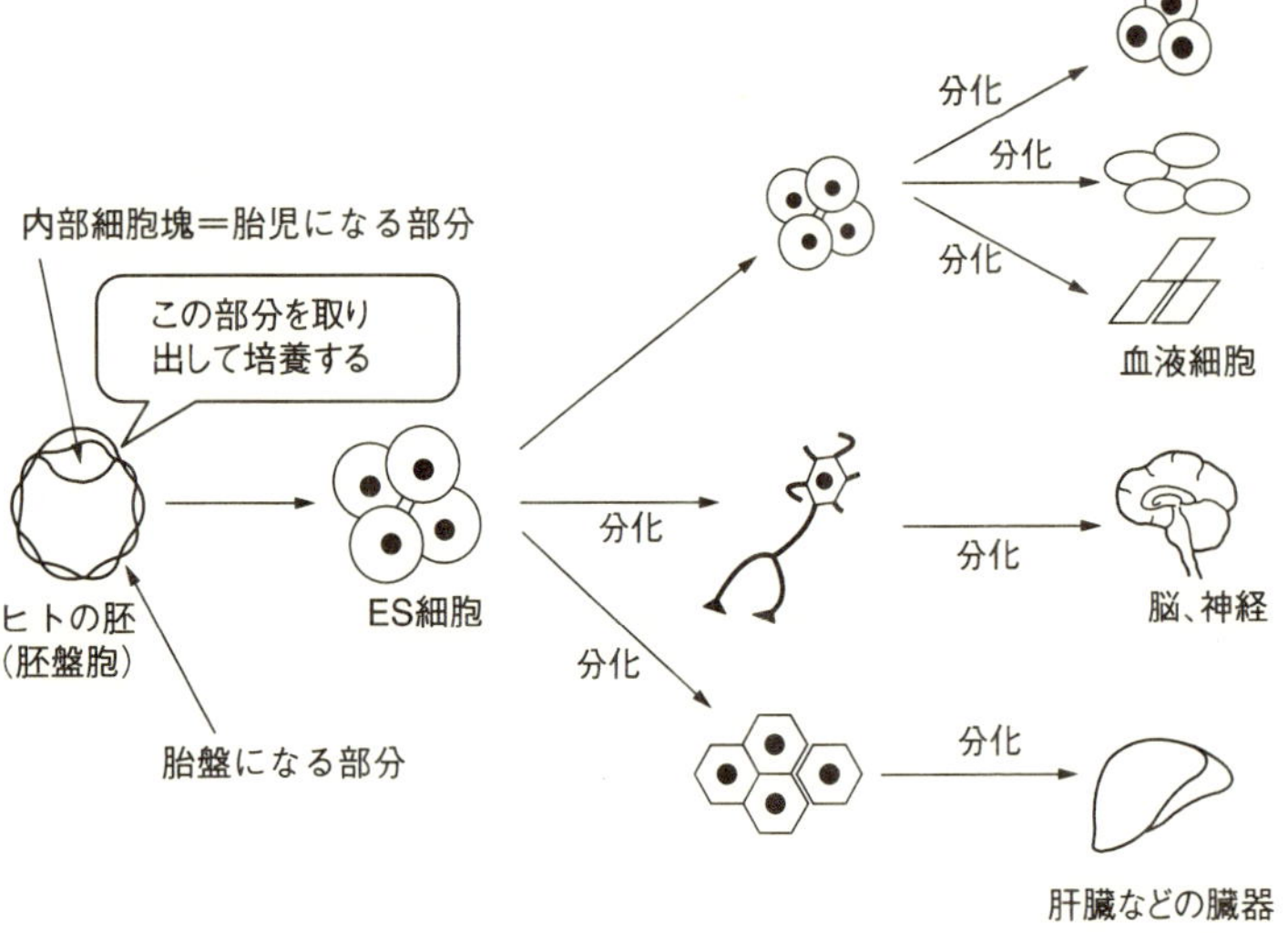

出典：科学技術庁資料

が報告している。

このES細胞にある条件を与えてやれば、目的の組織や臓器だけをつくることができ、たとえばパーキンソン病や糖尿病などの治療に役立つと期待されている(図5)。クローン技術と組み合わせれば、自分と同じ遺伝情報を持ち、拒絶反応を起こさない組織や臓器をつくることもできるとされている。

だが、ES細胞をつくるためにはどうしても胚を壊さなくてはならないこと、また、核を除いた卵子（除核卵）に体細胞を移植してつくった「クローン胚」からもES細胞をつくることができるとされていることなどから、やはり倫理的な問題が起こる可能性があり、何らかの規制が必要だという議論が高まった。

一九九八年一一月初め、ヒトのＥＳ細胞が世界で初めて樹立されたというニュースが世界中を駆けめぐった。報告は三本あったので、順番に見ていこう。

第一の報告は、ウィスコンシン大学のジェームス・トムソンらが、アメリカの科学誌『サイエンス』九八年一一月六日号で発表した実験である。トムスンらは、ウィスコンシン州とイスラエルの不妊クリニックで、体外受精されたが使われなかった受精卵を、両親からインフォームド・コンセントを得てもらいうけ、胚盤胞と呼ばれる段階で内側の細胞（内部細胞塊）を取り出し、それを特殊な方法で培養することでＥＳ細胞を樹立することに成功した。

アメリカでは、胚を使った研究に連邦予算を使うことができないため、実験はＮＩＨ（国立衛生研究所）の予算が使われている研究所と「キャンパスを隔てて」立てられている建物で行なわれたという。

実験の手順を見よう。まず、数が不明なのだが受精卵を胚盤胞になるまで培養し、その内部細胞塊を取り出した。その数は一四塊である。それらをマウスの線維芽細胞の上で（「フィーダー」という）五〜六カ月培養した。そのうち五個を選び出し、次の三点を確認した。

・核型（染色体の構成）が正常であること。
・テロメラーゼが多く存在すること。
・霊長類のＥＳ細胞に特徴的なタンパク質（「マーカー」という）が存在すること。

二番目だけ説明しておく。染色体の両端にはテロメアと呼ばれる構造があり、これは細胞が分裂するたびに短くなる。したがってテロメアの長さが細胞の分裂回数を決めている。生殖細胞やがん細胞のような無限に分裂する細胞では、テロメアの長さを維持するテロメラーゼ（テロメレーズともいう）という酵素が働いているが、体細胞にはほとんどない。テロメラーゼをつくる遺伝子もわかってきた。トムソンらの研究に資金を提供したバイオ企業ジェロン社は、一九九八年一月、遺伝子操作でテロメラーゼを活性化して、ヒトの体細胞（新生児のペニスの皮）を不死化させることに成功したと発表している。この研究は不老長寿薬や抗がん剤の開発につながるそうだ。

トムソンらは次に、この五個の細胞を免疫力を失わせたマウス（SCIDマウス）に移植した。するとマウスに「奇形腫（teratomas）」という腫瘍の一種が発生した。その腫瘍は、外胚葉（腸管上皮）、中胚葉（軟骨、骨、平滑筋、黄紋筋）、内胚葉（神経上皮）のそれぞれの由来の細胞の特徴を示したという。多能性、つまりこの細胞が体のすべての部分になる能力を持つことが証明されたのである。なお、この奇形腫の発生という現象は後で重要な意味を持ってくる。

第二の報告は、ジョン・ホプキンスの大学ジョン・ギアハートらによって、『米国科学アカデミー紀要』九八年一一月一〇日号で発表された。研究者らは、中絶胎児の始原生殖細胞（将来精子や卵子になる細胞）を使用し、同じように多能性を持つ細胞を樹立することに成功した。こちらはES細胞と区別して、EG（Embryonic Germ）細胞と呼ばれる。実験の手順はほぼトムソンらと同じである。

実験動物であれば、このES細胞やEG細胞を別の胚盤胞に導入し、「キメラ個体」をつくってみるそうだが、ヒトでは倫理的問題が大きいので、トムソンらもギアハートらもやっていないという。

以上二つの研究には、ジェロン社が資金を提供しており、同社が特許を取得している。

第三の報告は、ACT（アドバンスド・セル・テクノロジー）社のジョス・チベリらの実験である。こちらは正式な論文は発表されておらず、『ニューヨーク・タイムズ』九八年一一月一二日付などで報道された。おそらく、トムソンやギアハートの成功にあせって、あわてて報告したのだと思われる。彼らはヒトの核（体細胞）をウシの除核卵（核を除いた未受精卵）に核移植したと発表した。多くの細胞を試したのだが、そのうち頬の細胞一つだけが一六細胞期に到達した。こういう胚は「ハイブリッド胚」と呼ばれ、胚盤胞まで培養し、内側の内部細胞塊を取り出して培養すれば、ES細胞が得られると理論的には考えられている（なお人クローン規制法では、こうした胚は「ヒト性融合胚」と呼ばれている）。大学はこの技術の特許を取得し、独占使用権はACT社が持つことになった。しかし、正式な論文が発表されていないためか、この結果に対しては疑問を投げかける専門家もいるようだ。

ES細胞とクローン技術を組み合わせる

ヒトのES細胞が取り出されたというニュースが専門家だけでなく一般市民の関心をも呼び起こ

したのは、これがどんな組織や臓器にもなる可能性を秘めているからである。たとえば、パーキンソン病患者に移植するためのドーパミン産生細胞や糖尿病患者に移植するためのインシュリン産生細胞をつくることなどが期待されている。

受精卵は二個に分かれ、それが四個、八個、一六個へと分裂していき、それぞれの細胞が臓器や皮膚、脳などの各機能を持つようになる。この過程を「分化」という。ところがES細胞やEG細胞は分化しないまま分裂（増殖）することができる。これに適当な「成長因子（分化誘導物質）」を与えるなどしてやれば、理論的には目的の組織や臓器だけをつくることができる。臓器移植に必要なドナー（臓器提供者）は、慢性的に不足しているのだが、ES細胞を使えば、理論的には「ドナーなき移植」が可能になりうるのだ。

だがES細胞で移植用組織や臓器をつくるには、まだ解決すべき問題点がある。

一つは、ES細胞を特定の組織や臓器へ誘導する方法が確立すること。とはいってもマウスではすでに、ES（やEG）細胞から神経細胞や造血細胞、心筋、骨格筋などを試験管内でつくり出すことに成功している。さらに造血細胞と心筋では、ES細胞からつくったものを別のマウスに移植することにもすでに成功しているという。

もう一つの解決すべき問題点は、拒絶反応をどう克服するかということである。

EG細胞の樹立に成功したジョン・ギアハートは、次のような方法があるとまとめている。

(1)　多数の系統のES細胞を保存しておく。つまり「ES細胞バンク」をつくり、さまざまなレシピアント（移植の受け手）に合うES細胞を確保しておく。

(2) ある遺伝子を操作して、誰に移植しても拒絶反応が起きない組織や臓器をつくる。

(3) レシピアントのある遺伝子をES細胞に導入して、各レシピアントに合った組織や臓器をつくる。

(4) レシピアントとまったく同じ遺伝子を持つES細胞を作成する。つまりレシピアントの体細胞を、クローンと同じように、核を除いた未受精卵（除核卵）に核移植し、それを胚盤胞まで培養してからES細胞を取り出す。

(4)には二つの方法がある。一つは患者の体細胞を通常のクローンと同じように同じ生物（つまりヒト）の除核卵に核移植する方法である。こうしてできた胚はクローン胚という。人クローン規制法では、「人クローン胚」と呼ばれている。理論的には、拒絶反応がまったく起こらない組織や臓器をつくることができるはずである（図6）。この手法を「My ES」と呼ぶ研究者もいる。

一九九九年五月、ジェロン社は、クローンヒツジ「ドリー」をつくったロスリン研究所の企業部門ロスリン・バイオメド社を買収し、ジェロン・バイオメド社と改名した（『ネイチャー』九九年五月一三日号など）。二〇〇〇年一月には、体細胞クローン技術の特許が成立し、ロスリン研究所が取得したのだが、その利用権をジェロン社が取得した。クローン技術とES細胞の技術を組み合わせ、患者と同じ遺伝情報を持ち、拒絶反応を起こさない移植用臓器の実現を目指す。

中国の上海市遺伝子操作研究センターがヒトのクローン胚をつくることに成功したという報道が

図6　クローン胚を用いた移植用臓器の作成

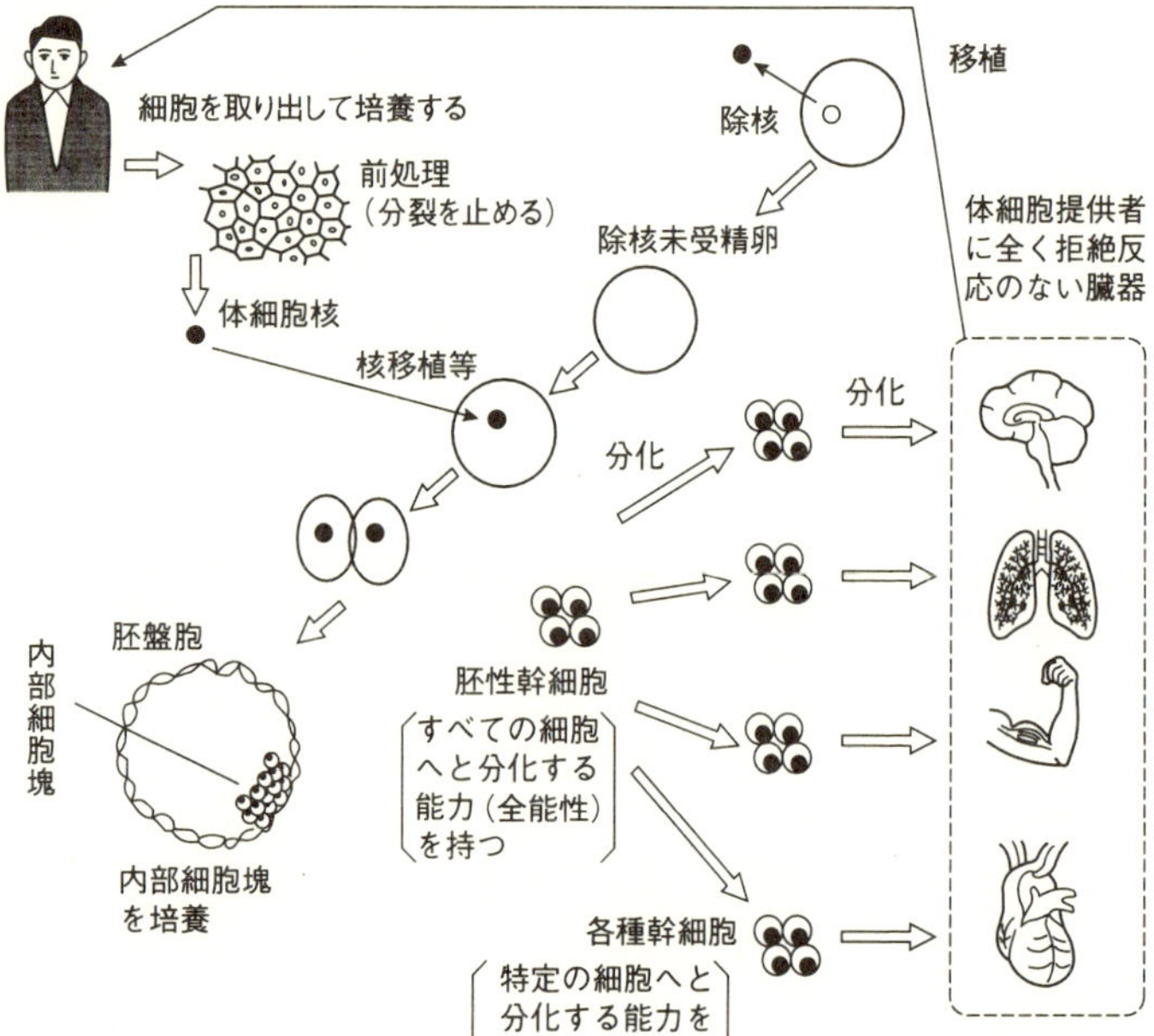

出典：科学技術庁資料

あるが（『朝日新聞』二〇〇〇年一月六日付夕刊など）、二〇〇一年二月現在、動物実験も含めて、クローン胚からES細胞を樹立したという報告はまだない。

僕は、クローン胚を用いることの手法がES細胞による再生医療の本命ではないかと思っている。この方法にも問題はある。現在、ヒツジやウシ、ヤギ、マウスなどのクローン個体、つまり体細胞クローン動物が世界中でつくられているが、その流産や出生直後の死亡率などの高さが問題となっている。実に、約三分の一の個体は生まれてすぐに死亡しているのだ。であるとするならば、体細胞の核移植でつくられたクローン胚に異常はないのだろうか。それからES細胞を経てつくった移植用組織ははたして本当に安全なのだろうか。

また、「この方法なら受精卵を必要としないので倫理的問題は起きない」と言った政治家や評論家がいたが、あまりに不見識な発言である。この方法でも、核移植の〝受け皿〟となる未受精卵がどうしても必要となることを見落としているからだ。実際、核移植の成功率は低い。女性の身体が、資源の供給源となることに変わりはない。

種の壁を越えた核移植

(4)のもう一つの方法は、レシピアントの体細胞を異なる動物の除核卵に核移植する方法である。「異種間核移植」と呼ぶこともある。こうしてできた胚のことを「バイブリッド胚」もしくは「ハイブリッド・クローン胚」といい、人クローン規制法では「ヒト性融合胚」と呼ばれている。前述のACT社が行なった実験は、これが目的である。こうしたハイブリッド・クローン胚からES細胞をつくることができれば、理論上では、受精卵も未受精卵も必要なくなる(図7)。

一九九八年一月、国際胚移植学会で、ウィスコンシン大学のニール・ファーストらが異なる動物どうしの核移植に成功したと発表した。イギリスの科学週刊誌『ニューサイエンティスト』九八年一月二四日号によると、ファーストらは、ブタ、ラット、カニクイザル、ヒツジの耳の皮膚細胞の核をウシの卵子に核移植した。するとそれらは胚盤胞まで成長した。スピードはそれぞれの動物と同じくらいだったという。

僕は最初、この技術の目的がES細胞を使った移植用組織づくりであることに、不覚にも気づかなかった。なぜなら、この『ニューサイエンティスト』の記事のタイトルは「危機の時代　クローン技術はパンダを絶滅から救うことができるか？」であり、パンダの写真まで添えられてあったからだ。実際、一九九九年三月、福建省にある福州パンダ研究センターの研究者らがパンダの体細胞をウサギの除核卵に核移植し、初期胚をつくることに成功したと発表している。マンモスをこの技術で復活させようとする計画さえある。

そしてES細胞作成が発表された直後、一九九八年一一月一二日、前述の通り、ACT社が突如、ヒトの核をウシの卵子に核移植したと発表したのだ。実は、この実験は一九九六年に行なわれており、胚は二週間後に廃棄されたという。『サイエンス』九八年一一月二〇日号によると、「一九九〇年ごろ」マサチューセッツ大学のある学生が「冗談のつもりで」、テクニシャン（実験の補助をする技術者）の頰の細胞を取り出し、そのDNAをウサギの卵母細胞に移植したところ、それが分裂し始め、胚のようになったという。そして一九九五年から一九九六年にかけて、同大学教授でもあるACT社のジョス・チベリが自分の頰の細胞三四個とリンパ球の細胞一八個の核を、ウシの除核した卵母細胞に移植してみた。すると頰の細胞の一つだけが一六細胞期に達し、四〇〇個にまでなった。大学はこの技術の特許を取得、独占使用権はACT社が持つこととなった。

ところが同誌によると、この実験はデータが公表されていないうえ、多能性があるかどうかテストされておらず、専門家からも疑念の声があがっている。なぜ一九九六年に行なわれていた研究が、いまごろ発表されたのだろうか（日本ではあまり報道されなかったが）。おそらくトムソンらがES細胞の樹立に成功したことを意識したのだろうといわれている。

一九九八年一二月には、ウィスコンシン大学のファーストらが前述の研究を再発表した。ヒツジやブタ、ラット、アカゲザルの皮膚細胞の核をウシの除核卵に移植したところ、分裂して胚になった。ファーストらはヒツジの核を移植したハイブリッド・クローン胚をメスのヒツジの子宮に戻したところ、妊娠三〇日まで成長したという。こちらは日本でも報道された（九八年一二月二八日付各紙）。

ACT社にしろウィスコンシン大にしろ、異種間での核移植に成功しただけで、そうしたハイブリッド胚からES細胞が樹立されたという報告は、動物実験も含めて、まだ伝えられていない。この技術にも問題はある。動物の未受精卵を使う以上、その染色体に潜むウイルス（内在性レトロウイルス）が活性化する可能性がある。ウイルスが胚自体やES細胞を破壊してしまう可能性があるし、それからつくった移植用組織をヒトに移植した後にウイルスが活性化して、患者に感染する可能性もある。現在、クローン技術などを応用して、ブタなど動物の臓器をヒトに移植すること、いわゆる異種移植の研究が進んでいるが、それとまったく同じ問題が存在するのだ。

図7　ハイブリッド・クローン胚による臓器作成技術

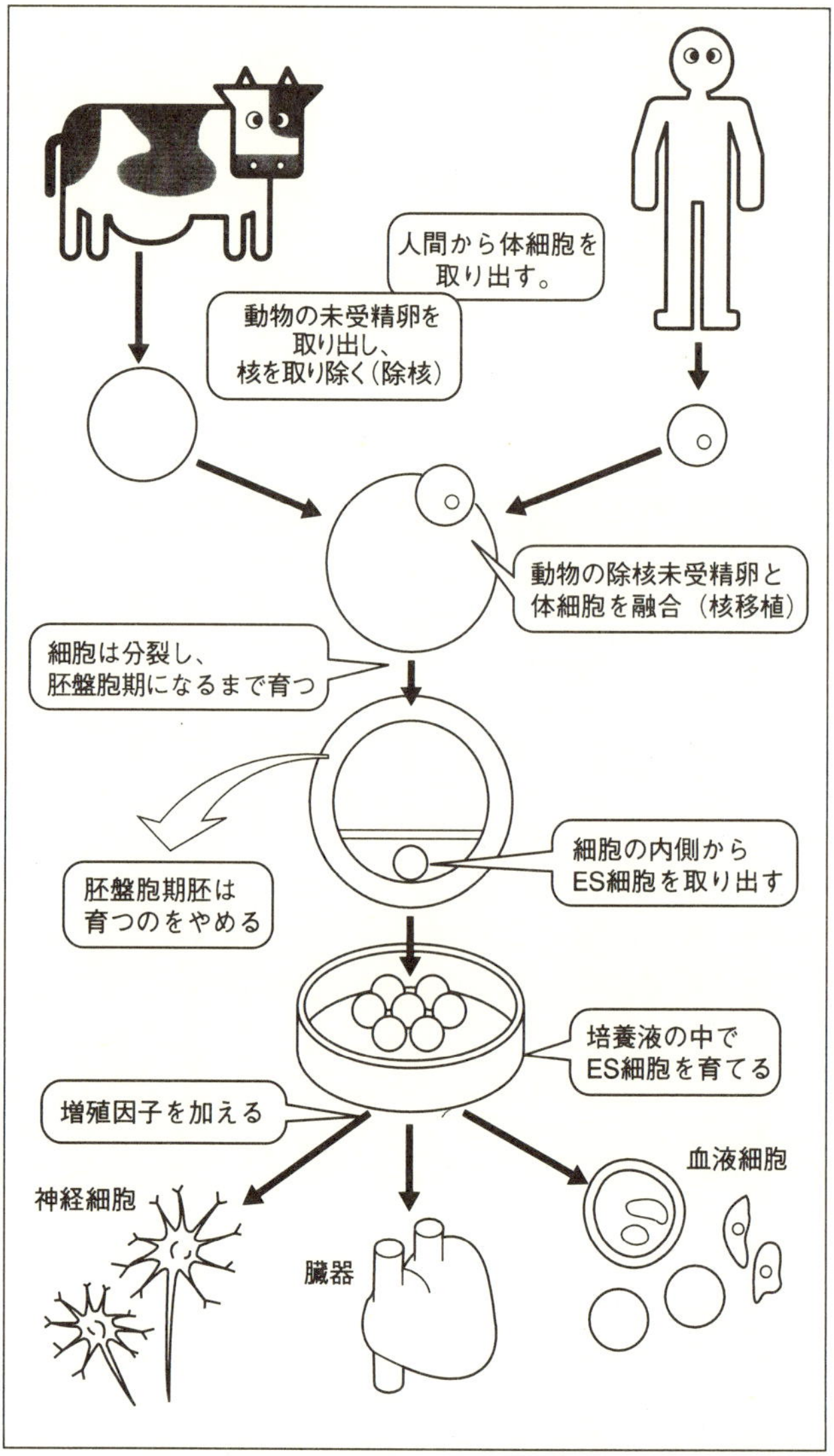
人間から体細胞を
取り出す。
動物の未受精卵を
取り出し、
核を取り除く（除核）
動物の除核未受精卵と
体細胞を融合（核移植）
細胞は分裂し、
胚盤胞期になるまで育つ
胚盤胞期胚は
育つのをやめる
細胞の内側から
ES細胞を取り出す
培養液の中で
ES細胞を育てる
増殖因子を加える
神経細胞
臓器
血液細胞

参考：「ニューサイエンティスト」1998年7月11日号（訳／筆者）

試験管から芽生える組織や臓器

では、移植に必要な組織や臓器をＥＳ細胞からつくる技術はどれぐらい進んでいるのだろうか。資料によって記述が異なるのだが、たとえば大阪大学大学院医学系研究科の丹羽仁史助手と宮崎純一教授によると、これまでマウスの実験で、ＥＳ細胞から体外で分化誘導することができた細胞は以下の通り（「ＥＳ細胞を用いた移植治療の展望」『BIO INDUSTRY』二〇〇〇年一巻一七号）。

起源	細胞種
胚体外組織……	胚体外内胚葉、栄養外胚葉
未分化細胞……	原始外胚葉
外胚葉…………	神経細胞、グリア細胞、上皮細胞、色素細胞
中胚葉…………	血液（幹）細胞、血管内皮細胞、破骨細胞、軟骨細胞、心筋細胞、骨格筋細胞、平滑筋細胞、脂肪細胞

科学技術庁（現、文部科学省）の資料を見ても、ＥＳ細胞からドーパミン産生細胞、神経幹細胞、心筋細胞、膵臓の細胞、血管内皮細胞、骨細胞、血液幹細胞、真皮細胞を分化させる技術はすでに開発されていることがわかる（図8）。

図8　ES細胞による組織つくりの研究
（マウスでの研究状況）

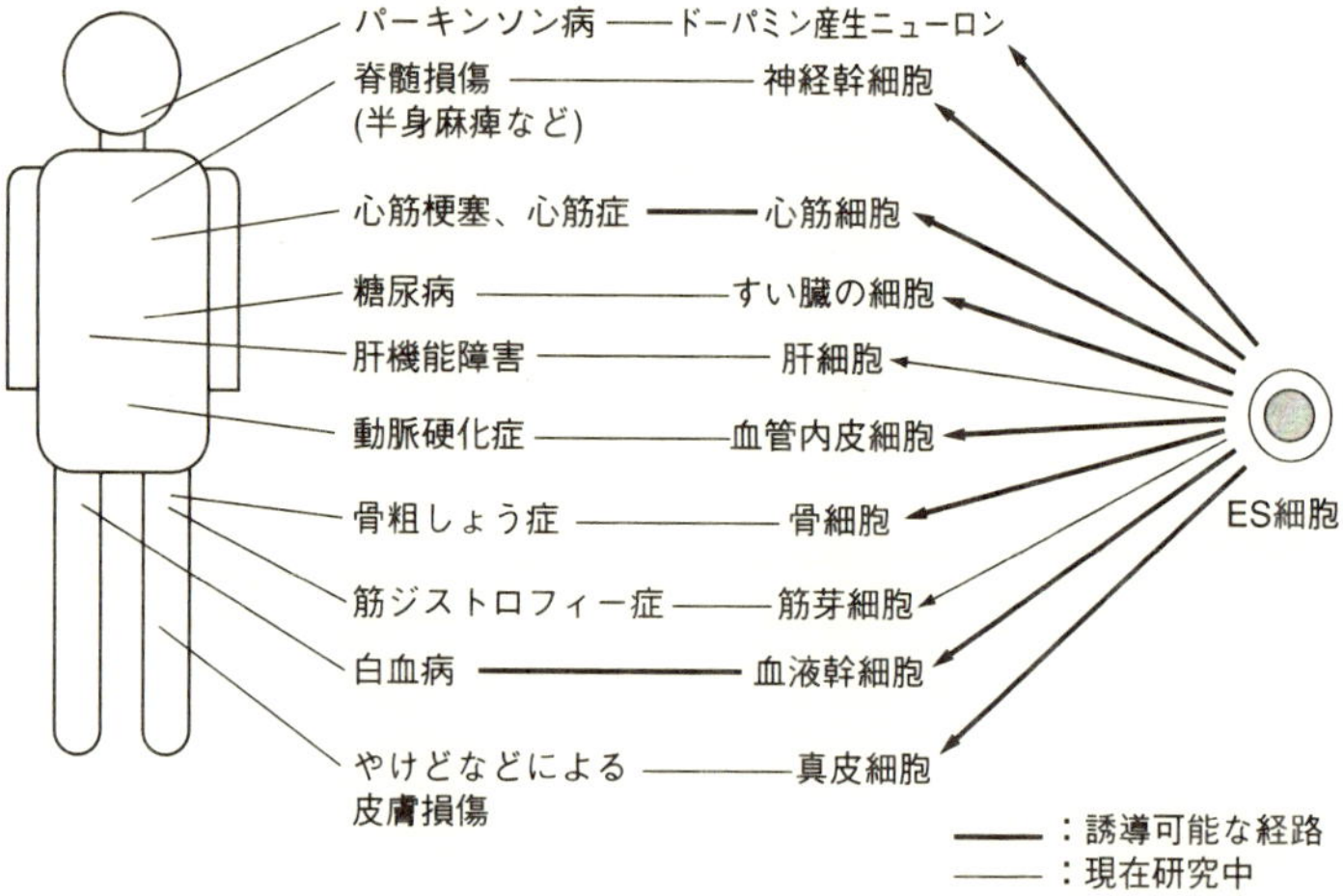

出典：科学技術庁資料

ここ最近、新聞等で目に付いたものだけをピックアップしてみる。

二〇〇〇年六月二〇日、京都市で開かれた日本内分泌学会で、大阪大学の倭英司助教授らが、マウスのES細胞に遺伝子操作をして、インシュリンを分泌する細胞をつくることに成功したと発表した。糖尿病の治療に使うことが期待されている。倭助教授らが注目したのは、胎児で膵臓がつくられる過程で働くPDX1という遺伝子。マウスのES細胞のなかでこの遺伝子を強制的に働くようにして培養したところ、一九日後に、インシュリンやグルカゴンなど膵臓のホルモンをつくる細胞ができあがった。まだ正式な論文は発表されていない（『朝日新聞』二〇〇〇年六月二〇日付、『トリガー』二〇〇〇年一一月号の拙稿など）。

同年一〇月二五日、京都大学再生医科学研究所の笹井芳樹教授らと協和発酵との研究チームは、マウスのES細胞を神経細胞に効率よく分化させる技術を開発したと発表した。笹井教授らは、ES細胞をマウスの骨髄細胞の一種の上で培養し、一週間後、そのうち約九割が神経細胞に変化したことを確認した。さらにそのうち約三割が神経伝達物質の一種ドーパミンをつくり、それをマウスの脳に移植しても働き続けることを確認した。脳の難病であるパーキンソン病の根本治療に役立つとされている。論文は『ニューロン』二〇〇〇年一〇月号に発表された。特許は協和発酵が出願した（『朝日新聞』二〇〇〇年一〇月二六日付、『トリガー』二〇〇一年一月号の拙稿など）。

同年一一月二日発行の『ネイチャー』では、京都大学大学院医学研究科の山下潤研究員らが、マウスのES細胞から血管をつくることに成功したという論文を発表した。山下研究員らはマウスのES細胞を培養し、さまざまな細胞ができたなかから血管の内皮細胞のもとになる前駆細胞を、特殊な方法で分離した。血管は内皮と外壁でそれぞれ異なる細胞でできているのだが、この細胞が外壁にもなることも確かめた。この細胞の塊を、コラーゲン（細胞を結合させるタンパク質）の上で培養すると、五～七日で毛細血管になり、血管内には血球もできていたという。さらに前駆細胞をニワトリの胎児に移植すると、血管の一部になることも確認した。心筋梗塞などの治療に役立つことが期待されているという。

同年一一月二五日には、三菱化学生命科学研究所の野瀬俊明主任研究員が、マウスのES細胞から、精子や卵子のもとになる始原生殖細胞をつくることに成功したと報道された。野瀬研究員らは、

ＥＳ細胞が始原生殖細胞に育った段階で動き始めるＶａｓａ遺伝子を発見。Ｖａｓａ遺伝子が働き出すと光って見えるようにＥＳ細胞の遺伝子を操作して培養し、光る細胞を選び出した。それを成熟した雄のマウスの精巣に移植したところ、順調に成長し、精子をつくり始めたという。この研究の目的は人間に応用することではなく、動物の発生の研究や畜産であるという（『日経新聞』二〇〇〇年一一月五日付）。

揺るがされるＥＳ細胞の存在意義

ＥＳ細胞が注目される一方で、胚以外の細胞、つまり本人またはドナーの体から取り出した体細胞に何らかの加工を施して、患者に移植するというタイプの再生医療も研究が進められている。

その一つがＥＳ細胞以外の幹細胞を分化・増殖させて、移植するという技術である。そうした幹細胞は「体性幹細胞」とか「組織幹細胞」、あるいは成体の組織を使うことから「ＡＳ（Adult Stem）細胞」などと総称されている。もう一つは前述したように、生きた細胞を人工材料と組み合わせるなどして組織の再生や臓器の再建を行なうティッシュエンジニアリングである。前者は「分化」を伴い、後者は伴わないところが違うが、両者の境目はあいまいである。体性幹細胞の移植やティッシュエンジニアリングには、自家移植、つまり患者本人の細胞を使うことも可能だという特徴がある。

こちらもここ最近、新聞等で目に付いたものだけをピックアップしてみる。

慶応大学医学部の福田恵一助手らは、マウスの骨髄に含まれる「間葉系幹細胞」を、薬剤を使って処理をすることで心臓の筋肉細胞に変化させる実験に成功した。心筋梗塞などの治療に応用することが期待されている（『朝日新聞』九九年三月一〇日付、『トリガー』六月号の拙稿など）。

東京歯科大学の坪田一男教授らは、角膜をつくる機能を持つ「角膜上皮幹細胞」を目の表面に移植し、事故などで失った角膜上皮を再生する手術法を開発し、半数の患者が視力を回復した。角膜移植では治せなかった重症患者への福音となるという（『日経新聞』九九年六月三日付、『トリガー』二〇〇〇年一〇月号の拙稿など）。

筑波大学の谷口秀樹講師らは、肝臓をつくる細胞のもとになる「肝幹細胞」を含む細胞集団を分離することに世界で初めて成功した、と日本移植学会で発表した。谷口講師らは、マウスの胎児の肝細胞のなかに飛び抜けて活性が強い細胞があることを発見、そのうち一個を培養したところ、肝臓をつくるさまざまな種類の細胞がつくり出されることを確認した。さらにそれをマウスの脾臓に移植したところ、肝臓の組織をつくり上げたという。劇症肝炎などの治療に役立つと見られている（『中日新聞』九九年九月一七日付など）。

東海大学医学部の堀田知光教授らは、マウスの「ストローマ細胞」を使って、ヒトのさい帯（へその緒）血から取り出した「造血幹細胞」を体外で一〇倍に増やすことに成功した。造血幹細胞は血液をつくる幹細胞で、白血病治療などに使われているが、さい帯血から取れる数は少ないため、子どもが主な対象だった。この方法で成人への移植に十分な量を確保できると見られている（『朝日新聞』二〇〇〇年一月一七日付、『トリガー』二〇〇〇年八月号の拙稿など）。

医学誌『ネイチャー・メディスン』二〇〇〇年三月号では、大阪大学の岡野栄之教授らやコーネル大学の共同研究グループが、ヒトの脳の海馬から「神経幹細胞」を効率よく取り出す方法の開発に成功したという論文を発表した。

京都大学神経外科の高橋淳助手らは、神経細胞のもとである神経幹細胞をラットの脳から分離して、神経細胞にまで分化させ、さらにそれがほかの神経細胞と結合して神経回路を形成することを確認した（『読売新聞』二〇〇〇年九月七日付夕刊）。

大阪大学の岡野栄之教授らと慶応大学、ジョージタウン大学の研究者らからなる研究グループは、神経幹細胞で脊髄損傷を治療することの動物実験に成功した。岡野教授らはネズミの胎児から神経幹細胞を取り出し、培養して増殖させ、それを脊髄を損傷したネズミに移植した。神経幹細胞は体内で増殖し、体内の神経回路とも結びついて、ネズミは運動能力を回復した（『朝日新聞』二〇〇〇年九月一三日付夕刊など）。

国立大阪南病院リハビリテーション科の脇谷滋之医長らは、患者自身の骨髄中の幹細胞で軟骨組織をつくり、変形性関節炎などの患者一八人を治療することに成功した（『朝日新聞』二〇〇〇年九月一三日付夕刊）。

ＥＳ細胞の存在意義を揺るがしてしまいそうな知見もある。
正確な日時が不明なのだが、一九九九年夏、スウェーデンのカロリンスカ医科大学のＡ・レンダール博士は、大人のマウスの脳の神経細胞が体のあらゆる組織の細胞に変化できる可能性があることを確認したという。

レンダール博士らは、大人のマウスの脳から取り出した神経幹細胞をマウスの受精卵といっしょに培養したところ、まず筋肉の細胞ができることを確認した。次に、分裂が進んだ受精卵に神経幹細胞を移植したところ、増殖しながら心臓や肺、肝臓、腎臓、消化器官などの細胞に分化することがわかった。大人のほ乳類の幹細胞は、あるていど限定された組織や臓器にしか分化できないというそれまでの常識をうち破ったのだ（『日経新聞』二〇〇〇年七月一一日付）。ただし、神経幹細胞を分化させるためには受精卵が必要になるようだから、その意味ではＥＳ細胞と同じ問題が依然として存在する。

さらに『サイエンス』二〇〇〇年一月二五日号によると、その前年の一二月に開かれたアメリカ血液学会で、ミネソタ大学の血液学者キャサリン・ヴァーフェイリーらは、子どもと大人の骨髄細胞から取り出した細胞が、脳細胞や肝臓の前駆細胞、そして三種類の筋肉——心筋、骨格筋、平滑筋——に分化しうることを確かめたと発表した。

「それらの細胞はほとんどＥＳ細胞のようなものです」と、さまざまな細胞種をつくり出すその能力について、彼女（ヴァーフェイリー）は言う。

しかし、そのような能力を持つ細胞を得ることは容易ではなく、ヴァーフェイリーは骨髄細胞一〇〇億個当たりに一個ぐらいしかないと推測している。子どもの骨髄により多く存在するが、四五～五〇歳の人からも得られたという。また、ヴァーフェイリーらがどのような実験を行なったのかこの記事ではわからないのだが、彼女らはこの細胞をほかの骨髄細胞から分離する手段をこの時点では見つけていなかったという。その後、彼女らが正式な論文を発表したかどうか、僕はまだ確認していない。

もし成人の体から、どんな組織にでも分化する幹細胞を得ることができれば、ヒトの個体になりうる胚を壊さなくてはならないES細胞を使う意味はなくなってしまう。そのうえ、患者本人からそれを取ることができれば、ドナーに頼る必要のない自家移植が可能になる。しかし、ES細胞でもそうだが、幹細胞の分化能力にはおそらく個人差があり、誰からもそのような細胞が取れるとは限らない可能性がある。その場合には、体性幹細胞の場合でも他家移植が必要になる。また、企業としては他家移植のほうが産業化しやすいはずだという指摘もある。

僕はそうした体性幹細胞やティッシュエンジニアリングも含めて、再生医療についての取材を進めていくうちに、ある研究者から思いがけないことを教えてもらった。

「ES細胞には倫理的な問題以外に、危険性があるのですよ。がんが発生するという……」

いったいどういうことなのだろうか。

ＥＳ細胞発見前史

その研究者が続けた。

「活字になっていいのか悪いのかわからないのだけど……裏話があるのですよ。ＥＳ細胞を一生懸命研究している人たちにネガティブなことは言えないですからね。ＥＳ細胞の場合、懸念される問題は、たとえばＥＳ細胞そのものを筋肉の中に注入するとですね、『奇形腫』を形成するのですよ。奇形腫ってわかります？」

わかります、と僕は答えた。

「テラトーマですね。ＥＳ細胞は何にでもなることができることから、逆にいうと、腫瘍と同じぐらいの意味合いを持っているのです。だからＥＳ細胞を分化させて、それを移植したときに未分化のＥＳ細胞が一個でも残っていると、腫瘍化してしまうわけです」

と彼は言った。僕はほぼ同じ趣旨の話を別の研究者からも聞いた。いったいどういうことなのか理解したくて、これまでに集めた資料を読み直してみると、彼らの指摘の意味が僕にも少しずつわかってきた。

まず、胚からＥＳ細胞を樹立するさい、その多能性——あらゆる種類の細胞になる能力——を確かめる方法を思い出してほしい。トムソンらもギアハートらも、ES細胞とおぼしき細胞を、免疫力を失わせたマウスに移植して、「奇形腫」（この言葉については付記1を参照）が発生するのを確認することで、それが多能性を持っていると見なした。

奇形腫とは何だろうか。マンガの話からイメージしてほしい。

故・手塚治虫の名作マンガ『ブラックジャック』に、ピノコちゃんという女の子が登場する。彼女の出自はきわめて特殊だ。あるとき、主人公である医師免許を持たない名医ブラックジャックは、ある女性にできた大きな腫瘍の切除手術を引き受ける。これまで何度も医師たちがその腫瘍を切除しようと試みてきたのだが、そのたびに腫瘍はテレパシーを発し、邪魔をする。ブラックジャックがその腫瘍を切ろうとしても、やはり腫瘍は「切るな」というメッセージをテレパシーで発し、手術をさせない。そこでブラックジャックは腫瘍に約束する。

「よく聞けっ……私はお前を切り取るが殺しやしない／おまえはちゃんと人間の肉体をつつんだ生き物だ／私は……おまえを活かしておくつもりだ／安心するがいい！」

安心した腫瘍は、テレパシーで妨害することをやめる。ブラックジャックは腫瘍を切り裂き、その中に入っていた脳、臓器、手足などバラバラの人体パーツを取りだして培養液に浸した。彼は少し迷いながらも、それらを組み立てる。そうして生まれたのが、ピノコちゃんである。

ピノコちゃんの脳、臓器、手足などが入っていた腫瘍が「奇形腫（teretoma）」である。『ブラックジャック』では「奇形嚢腫」とされていた。とくに悪性のものを「悪性癌腫」もしくは「悪性奇形腫（teratocarcinomas）」という。ヒトや動物の精巣や卵巣に見られる腫瘍の一種だ。細胞が腫瘍の中で分化し、さまざまな器官ができてしまっているのが特徴である。そのため腫瘍はたいへん大きなものとなり、その中には脳や臓器はもちろん眼球や手足、髪の毛までが存在するという。

この腫瘍ができる仕組みについては諸説ある。

『ブラックジャック』では、双子のうち片方の身体が発生しそこなって、もう片方の身体につつまれた状態で生まれてきたもの、と説明されている。

『生物学辞典　第4版』（岩波書店）などでは、一種の「処女生殖」の結果ではないかと説明されている。つまり、減数分裂した二つの生殖細胞が何かのきっかけで融合し、暴走して分裂し始めたのだ。

一方、『ニューサイエンティスト』九九年四月二四日号の特集記事「スーパー細胞」では、同誌のフィリップ・コーエン記者が「悪性奇形腫は、すべての細胞の母親、つまりES細胞が暴走したときに成長する」と書いている。胚に含まれるES細胞は、個体の発生が進み、各部分に分化してしまえば、ほとんど残らないと考えられているが、ほんの数個だけ成人になっても分化しないまま体に残っていたES細胞が、何かのきっかけで暴走して分裂したものが悪性奇形腫である、という説である。仮説として最も面白いのは、この説だろう。

いずれにせよ腫瘍なので、まわりの細胞のことなど考えずに分裂し続けて大きくなり、場合によっては死につながる。奇形腫の存在は昔から知られており、性的に堕落した者への天罰だと非科学的に考えられていた時代もあるようだ。

実は、奇形腫のメカニズムの解明は、再生医療につながる発生学の研究に大いに貢献した。奇形腫の存在から、身体のどこかに、身体のすべての部分に分化する能力（多能性）を秘めた細胞があり、それを取り出して数を増やすことができれば、さまざまな操作が可能になると科学者たちは考えるようになったのだ。一九七五年には、ミンツという研究者がマウスの奇形腫細胞をマウスの初期胚に移植し、正常なキメラマウスをつくることに成功した。このことにより、奇形腫細胞には正常な組織・器官に発生する能力があることがわかった。これと同じ能力を持つ細胞を人工的につくれないかと考えられて、一九八一年に初めてマウスで樹立されたのがＥＳ細胞なのである。

未分化のＥＳ細胞が、がんを引き起こす

僕は資料を読み進めるうちに、ある雑誌の編集者と打ち合わせをしていたとき、僕がＥＳ細胞の特徴を少々興奮しながら話すと、彼が「それ、がん細胞みたいですね」と言ったことを思い出した。がん細胞との違いは染色体の異常を伴わないことである。また、ＥＳ細胞のことを「生殖細胞のがん細胞」と表現する人もいた。

前述した『サイエンス』二〇〇〇年二月二五日号でも、グレクトン・ヴォーゲル記者が、

その細胞（ES細胞）をヒトの病気に応用する前に、研究者たちは、（ES細胞が）望みの種類の細胞だけをつくり出すようにさせる方法を学ばなくてはならないだろう。「脳の中に歯や骨があったり、肝臓の中に筋肉があってほしくはないでしょう」と、ボストン子ども病院の幹細胞研究者エヴァン・スナイダーは言う。

と書いていた。

アメリカでヒトのES細胞が世界で初めて樹立されたことを受けて、首相の諮問機関・科学技術会議の生命倫理委員会はヒト胚研究小委員会を設立し、ヒトの胚の研究利用をいかに規制するべきかを約一年間議論した。二〇〇〇年二月二日、同委員会はES細胞の研究利用を条件付きで認める報告書案をまとめ、さらに三月六日に最終報告書「ヒト胚性幹細胞を中心としたヒト胚研究に関する基本的考え方」をまとめた。報告書案はパブリック・コメント（一般からの意見募集）にかけられて、若干の修正がなされた。その結果、最終報告書には、

また、がん細胞と同様に無限に増殖する性質を持っているため、分化処理が不完全であると腫瘍を引き起こす可能性があること（中略）等から、使用に当たっては慎重な取り扱いが必要である。

という、報告書案にはなかった一文が書き加えられた。前述の研究者の指摘とまったく同じことである。

二〇〇〇年八月、僕は雑誌の仕事で、マウスのＥＳ細胞からインシュリン産生細胞をつくり出した倭英司・大阪大学助教授を取材した。倭助教授は、マウスのＥＳ細胞に遺伝子操作を行なってインシュリン産生細胞をつくり出し、それをマウスに移植したところ、奇形腫が発生したと教えてくれた。僕は倭助教授の話をまとめて、次のように書いた。

インシュリン産生細胞の場合、膵臓ではなく、血流の多い腎臓の皮膜下に移植する。倭さんたちが実際に、ＥＳ細胞からつくったインシュリン産生細胞をマウスの腎臓の皮膜下に移植してみると、すぐに奇形腫ができたという。

「生体外の実験ではできないものが、腎臓に入れたとたんにばあーっと分化してできてくる。人間でもマウスでも、（細胞が）生体の中にある状態と、培養されている状態とは全然違うのですね」

と倭さんは言う。だから今後の課題としては、インシュリンを産生するように分化した細胞だけを選び出す技術を確立することだという。ここでも遺伝子操作の技術が駆使されるそうだ。

（『トリガー（ＴＲＩＧＧＥＲ）』二〇〇〇年一一月号）

資料と取材でわかったことをまとめてみる。

ＥＳ細胞は、マスコミなどでは「万能細胞」だとか「夢の細胞」などと呼ばれていて、これまで治療不可能だった病気を魔法のように解決してしまうかのようにしばしば書かれている。しかし、ＥＳ細胞を分化させてつくった組織を患者に移植したとしても、もしそのなかに分化しなかったＥＳ細胞が一つでも残っていれば、それは患者の体の中で暴走し始めて、がん、とりわけ奇形腫を引き起こす可能性があるのだ。つまり、既存のあらゆる医療技術と少なくとも同じレベルのリスクが存在するのである。この事実は、これまで一般にはほとんど伝えられていない。

ＥＳ細胞に限らないが、新技術に過剰な期待は禁物である。

そしてヒトの生殖細胞は資源となった

一連の再生医療の技術が開発されてくるのにともなって、それらを押し進めるための制度も整えられつつある。二〇〇〇年一一月三〇日、「ヒトに関するクローン技術等の規制に関する法律」（以下、人クローン規制法）が参議院本会議で可決され、一二月六日に内閣総理大臣名で公布された。そして二〇〇一年六月には、ＥＳ細胞の使用指針案が総合科学技術会議生命倫理調査会でまとめられ、秋には制定されると見込まれている（二〇〇一年二月現在での推測）。詳しくは本書所収の別稿に譲るが、これらの技術や制度は間違いなくＥＳ細胞の産業的な利用に道を開く。ヒトの受精卵や未受精卵、精子、体細胞は大きな商品的価値を持つ資源とされるのだ。

ＥＳ細胞研究の成果は特許の対象となる。たとえば、ヒトのＥＳ細胞の樹立に成功したのはウィスコンシン大学の研究者だが、その費用はジェロン社が負担した。研究者らが設立した非営利組織ワイセル研究所が特許を取得し、その利用権をジェロン社が押さえた。日本を含む製薬会社などとライセンス契約を交渉中だという。同研究所はＥＳ細胞を大学や企業の研究者へ有償で提供するとも発表している。またジェロン社は、前述したように一九九九年五月、ドリーをつくったロスリン研究所の企業部門ロスリン・バイオメド社を買収し、ジェロン・バイオメド社と改名した。二〇〇〇年一月には、体細胞クローン技術の特許が成立し、ロスリン研究所が取得したのだが、その利用権をジェロン社が取得した。その目的はクローン技術を利用した再生医療である。

さらに同社は二〇〇〇年六月、ヒトゲノムの全塩基配列を解読したセレーラ・ジェノミクス社との共同研究を開始すると発表した。ＥＳ細胞が持つ能力をセレーラ社が蓄積した遺伝子情報を使って解明することなどがねらいだろう。

日本では、前述したように京都大学の研究者がＥＳ細胞からドーパミン神経をつくる方法を開発したが、その特許は協和発酵が取得することになりそうだ。ほかにも三菱化学生命科学研究所が、移植目的ではないがＥＳ細胞関連の研究を進めている。ＥＳ細胞の研究も押し進めるミレニアム・プロジェクトの発端が、民間企業からの要請であったことは前述の通りだ。

当然、それらの技術は企業によって産業化され、やがて利潤を生み出す。ヒトの生殖細胞をそのような対象にしていいのかどうか、国民的議論はまったくないまま技術と制度だけが整えられてきたのだ。

人クローン規制法の立法に伴い、科学技術会議生命倫理委員会はヒト胚研究小委員会を改組し、ES細胞の研究利用を規制するための指針の作成を開始した。二〇〇〇年一二月二七日に開かれたその第Ⅱ期第三回目で配布された「ヒトES細胞の樹立及び使用に関する指針（案）」の中で、胚からつくったES細胞が民間企業に利益をもたらす事実を示しているのは、提供者へのインフォームド・コンセントの要件として、

樹立されたヒトES細胞の授受は必要経費を除き無償で行われるが、有用な成果が得られた場合、その成果（分化細胞を含む。）から利潤が発生する可能性があること。（第二章第七条5の一のサ）

と書かれている部分、たったこれだけである。

年が明けて省庁再編に伴い、議論は総合科学技術会議に引き継がれた。その間、国民の見えないところで委員たちは相当もめたらしく、二〇〇一年二月一七日にようやくパブリック・コメントの収集が開始された。改めて公表された「指針（案）」を見てみると、前記の記述は、

ヒトES細胞から有用な成果が得られた場合には、その成果（分化細胞を含む。）から知的所有権又は経済的利益が発生する可能性があること、及び当該知的所有権又は経済的利益は提供者に帰属しないこと。（第三章第一節第二十三条2の十一）

と書き換えられていた。しかし、内容はほとんど変わっていないといっていい。

この構造をわかりにくくしている理由はほかにもある。その一つは、ES細胞の樹立に使う胚を、生殖補助医療で〝余った〟胚、いわゆる「余剰胚（卵）」に限定していること。もう一つは、カップルからの余剰胚の提供は無償でなされること。さらに、その提供は「十分な説明に基づく自由意思による同意」によるとされていること。

筆者なりに要約しよう。人クローン規制法が示すのは、〝ヒトクローン個体さえつくらなければ、ほかの類似研究は条件だけ揃えて何をやってもいい〟ということである。ES細胞の使用指針が示すのは、〝生殖補助医療の肉体的、精神的、経済的負担に耐え抜いたカップルから余った胚をタダでもらい、それを用いた研究から得られる利益は一銭も彼らには支払わずに民間企業のものにしていい。しかもそれはカップルの自己決定によって決めるのだから、社会的な合意は必要ない〟ということである。

技術推進がもたらすもの――それは一人ひとり名前を持っている人間の生殖細胞が石油や鉱石と同じような資源と見なされることである。

（付記1）本稿では「奇形腫」という医学用語をそのまま使いましたが、この言葉は障害者の方から反発を招くのではないかというご意見がありました。しかし、辞書に載っている「奇形腫」を、たとえば英語の「テラトーマ」に書き換えたとしても、著者である僕は障害者への差別意識を持たない人であるという証明にはなりません。むしろ単純に書き換えることは、健常者、障害者を問わず、われわれすべての心の中にある差別意識をかばうことにさえつながると僕は考えます。つまり自分の精巣や卵巣にできた腫瘍に「奇形」という言葉が使われること——センシティブにならざるを得ない部位を「障害者扱い」されること——に、僕やあなたが耐えられないとしても、そんなことに配慮する必要などはないということです。

（付記2）本稿は、二〇〇一年夏に刊行した拙著『人体バイオテクノロジー』（宝島社）と内容が大きく重複しています。ご了承ください。

第7章　ヒトクローン個体産生およびヒト胚研究への各国の対応

粥川準二

はじめに

二〇〇一年八月三日、新宿のセンチュリーハイアットで、「クローン人間をつくる」と宣言しているグループの一つ「ラエリアン・ムーブメント」の記者会見が開かれた。この団体はよく「宗教団体」と表記されるが、正確には「異星人を迎える国際的非営利市民団体」であるらしい。

彼らのリーダーはラエルというフランス人の男性で、彼らは四年前、ヒトクローン個体（いわゆるクローン人間）をつくるための会社「クローンエイド」を設立した。彼ら自身の紹介によると、ラエルは「人間のクローンに関する世界的な論争のきっかけをつくった人物」であるという。いま各国はヒトクローン個体作成を禁止する法律を制定しているが、同グループは積極的に押しすすめることを公言している。

「私たちの宗教は科学です」

とラエルは言う。彼らによると、地球人は宇宙人によってつくられたらしく、ヒトクローン個体をつくるのも宇宙人からの啓示か何からしい。最終的には、クローンで生まれた赤ちゃんを特殊な方法で急速に成長させ、さらにその身体に人格を移動させて、永遠の生命を得ることが目的だという。

彼らによると、クローンエイドはラエリアン・ムーブメントとは経済的には別組織で、医療事故で子どもを失った父親が費用の全額を負担し、最初にその子どものクローンをつくるという。代理母には数百人の女性会員が立候補しており、記者会見には一人の日本人女性が参加していた。

記者会見の数日前、アメリカ下院でもヒトクローン個体作成を禁止する法律が可決された。

「私たちは弁護士チームを結成して、アメリカの最高裁に提訴する準備をしている。著名な法律学者によりますと、ヒトのクローンを禁止する法律は憲法に反する」

とラエルは言う。

やはりヒトクローン個体の作成を計画しているアメリカやイタリアの不妊治療医たちは、どこの国の規制も受けない公海上で核移植などの作業を行なおうとしている（後述）が、ラエリアン・ムーブメントは、法律を違憲だと認めさせてから、堂々と米国国内で行なおうということだろうか。

会場で取材していた記者の一人が、

「安全性について承知しているか？」

と代理母候補の女性に尋ねると、彼女は次のようにだけ答えた。

「知っているのは、テレビで報道されていること。みなさんと同じくらいの知識です。私は、クローンエイドは、世論が反対しているこの時期だからこそ、リスクがあるかもしれないが、あえて挑戦するのです」

さらにラエルが次のように補足した。

「もしも赤ちゃんが完璧に生まれることがなかったら、赤ちゃんは生まれてこない。とても早い段階で（赤ちゃんが健康かどうかは）技術的に判明できる。正常でないことがわかったら、生まれてこない。私たちは中絶の権利を主張している。新しい技術によって、安全な中絶が可能なのです。今後生まれてくる子どもたちは、通常の性交で生まれてくるよりも、精神的にも肉体的にも、健康なのです。障害を持つ人々が何千何万と生まれているのに、誰もセックスを禁止しようとは言わないですね。これはダブルスタンダードです」

彼らの思想について、もはや説明は不要だろう。生命に介入する技術にとって〝失敗〟とは何なのだろうか……。

「クローン人間」報道が隠すものとは？

二〇〇一年八月七日、全米科学アカデミーは、ヒトクローン個体の是非をめぐる討論会を開いた。ヒトクローン個体づくりを表明している二つのグループのほか、世界のクローン研究の第一人者たちが集まった。『朝日新聞』同年八月一〇日付夕刊によると、ラエリアン・ムーブメントでヒトクローン個体づくりに取り組むブリジット・ボワセリエ博士は、核を取り除いた卵（除核未受精卵）に体細胞の核を移植する「クローン胚」づくりを始めたと発表した。先日、日本で開かれた同団体の記者発表では、研究所の場所は秘密とされていたので、これがどこで行なわれているか、記事では不明である。

日本では、二〇〇〇年一一月に制定され、二〇〇一年六月に施行された「人クローン規制法」で、「人クローン胚」を子宮に戻すことは禁止されているが、作成については禁止されてない。同年六月二三日に突如発表され、現在策定中の「特定胚の取扱いに関する指針」の「案」では、作成を認められている胚は「ヒト胚核移植胚」、「ヒト性融合胚」、「動物性集合胚」の三種類だけなので、人クローン胚は当面作成すること自体が認められない。

アメリカの法律は、まだ上院を通過していないが、おそらく人クローン胚の作成自体を禁止する内容になると思われる。

全米科学アカデミーの討論会には、やはりヒトクローン個体づくりを表明しているアメリカのパノズ・ザボス医師、イタリアのセベリノ・アンティノリ医師らも参加した。彼らはそこで「遺伝子検査で異常のある胚」は取り除くと明言したという（『朝日新聞』二〇〇一年八月一〇日付夕刊）。つまり、着床前診断（胚段階での遺伝子診断）をすることが前提となっているのだ。前述のラエリアン・ムーブメントも、記者会見でそれを明言していた。この事実は注目に値する。

ザボス医師、アンティノリ医師らのグループは、法規制のない国か、公海上で計画を実施するつもりであると述べている。

ラエリアンやザボス医師らに対し、ドリーをつくったロスリン研究所のイアン・ウィルムット教授、ハワイ大学の柳町隆造教授、マサチューセッツ工科大学のラドルフ・ヤニシュ教授らは、動物での知見をもとに、技術が未完成であること、とくに生まれる子どもへの危険性を強調した。

報道の焦点は、そうした「安全性」の問題へ集中している。この場合、「安全」であるということはいったい何なのか。もちろん代理母となる女性への危険性ということもある。しかし、ここでいう「安全」が主に意味していることは、健康な子ども、五体満足の子どもが生まれるということである。この意味を問おうとする報道記事は見られない。

また、いずれの意味においても、安全性の不備を指摘することは重要ではあるが、それをヒトクローン個体づくりを根本的に批判するための、あるいはそれを禁止するための根拠とすることには無理がある。というのは、技術の限界は、それが達成されれば、消滅する。消滅すれば、同時に禁止の根拠はなくなる。安全であれば、つまり生まれた子どもが五体満足であることが確実であれば、何の問題もないということになる。実際、彼ら動物の研究者自体が、畜産あるいは医療応用を目的としたクローン動物づくりの研究において、それら技術的問題を克服しようと努力しているのだから。

一方で僕は、ヒトクローン個体に報道と議論が集中すること自体が問題だと思っている。もっと議論しなければならないのは、ES細胞に代表される産業資源としての胚の利用である（本書第六章を参照）。いうまでもないが、ES細胞はクローン胚からもつくることができる。ヒトクローン個体さえ生まれなければ、胚や未受精卵の研究利用はまったくの自由というのでは、考えがあまりにも浅すぎる。ヒトクローン個体をめぐる報道が、その問題を覆い隠してしまわないことを僕は願っている。

本稿では、そうしたヒトクローン個体づくり、あるいはヒト胚の研究利用について、日本以外の各国がどのように規制しているかを、各種資料を参照しながらまとめてみた。

アメリカ

［ヒトクローン個体産生について］

一九九八年二月二四日、クリントン大統領（当時）は国家生命倫理諮問委員会に対し、クローン技術について検討して九〇日以内に報告するよう要請した。また、同年三月四日には、ヒトのクローン産生（ヒトクローン個体、いわゆるクローン人間の産生）に関する連邦資金の支給を当面禁止する大統領令を発表した。六月七日には、国家生命倫理諮問委員会が、現時点では安全性に問題があることを主な理由として、体細胞の核移植を伴うヒトのクローン個体産生は禁止されるべきであると答申した。クリントン大統領はこれに基づき、六月九日、議会に対し、ヒトクローン個体の産生を禁止することを主な内容とする法律案を示した。議会には、大統領案以外にも、ヒトの体細胞の核移植を用いること（つまりクローン胚の作成自体をも？）を永久に禁止するという法律案も提出された。同年一〇月、これらの法案は議会の会期終了に伴って廃案となったが、二〇〇〇年度の議会においてもいくつかの法案が提出されている。

なおカリフォルニア州やミシガン州などいくつかの州では、クローン技術のヒトへの応用を規制する法律が成立している。

［ヒト胚研究について］

ヒト胚の研究利用を民間の活動まで含めて規制している連邦法はない。しかし研究目的でのヒト胚の作成や、ヒト胚を破壊し、廃棄し、故意に傷つけ、または死に至らしめる研究に対しては、連邦予算の支出に関する法律によって、厚生省（DHHS）が連邦予算の支出を禁止していた。ES細胞の作成やクローン技術による胚の作成も、この中に含まれる。

一方で、民間の資金による研究の実施には何も制限がない。

一九九九年九月、大統領倫理諮問委員会（NBAC、前記「国家生命倫理諮問委員会」と同じと思われる）は、不妊治療の余剰胚を利用して、ヒトES細胞の樹立および使用を行なうことに、連邦資金を支出することを認めるべきという報告書「ヒト幹細胞研究の倫理的問題について」を大統領に提出した。

米国立衛生研究所（NIH）は、ヒトES細胞の使用のみを行なう研究に対して連邦資金を支出することは法律に違反しないとの解釈を打ち出し、一九九九年一二月、ヒトES細胞の使用に補助金を支出するための指針案を提示した。意見公募を経て策定作業を行なった結果、二〇〇〇年八月二三日、NIHはES細胞研究を一定の条件付で公的補助金を出すことも認める指針を発表した。この中で、体外受精でつくった胚のうち廃棄以外に道のないものを使うことに限る、民間の研究費でつくられたES細胞を用いた研究のみを対象とする、胚の提供者が特定できないもののみを使う、提供者に対する謝礼を禁ずる、提供者やその家族の病気の治療に用いられないようにする、などの条件が付けられた。この指針は、厚生省の「ES細胞は子宮に移植してもヒトには発生しないという観点からヒト胚には該当しない」という見解を踏まえてのものだという。また、上院には、ES細胞を作成する研究、使用する研究の双方にNIHの助成を認める法案が提出されたという。

二〇〇一年七月三一日、アメリカ議会下院は、ヒトのクローン胚（法律でいう人クローン胚）について、ヒトクローン個体づくりだけでなくて、研究そのものも全面的に禁止する法案を二六五対一六二の賛成多数で可決した。クローン胚をつくること自体が禁止されるという（『朝日新聞』二〇〇一年八月二日付）。

一方、二〇〇一年八月九日、ブッシュ大統領は地元テキサス州でのテレビ演説で、ES細胞の研究に政府資金を限定して提供することを表明した。『朝日新聞』二〇〇一年八月一〇日付夕刊によると、ブッシュ大統領は「すでに存在する六〇の細胞株の研究は連邦資金が投入されるべきだという結論に到達した」と語ったという。新たにES細胞をつくるために、受精卵をつくったり壊したりすることは認められないという。妊娠中絶派からの反対と、患者団体などからの推進の要望とを、お互いに妥協させたかたちの折衷案である。

イギリス

［ヒトクローン個体産生について］

一九九七年二月二七日、ヒト遺伝学諮問委員会（HGAC）が、核移植によるヒト胚のクローンの作成（ヒトクローン胚の作成?）が、一九九〇年に制定された「人の受精と胚研究に関する法律（ヒト受精・胚研究法などとも訳される）」における禁止対象に含まれることを確認した。さらに同年三月二〇日、下院科学技術特別委員会が、同法律における、生体の体細胞に由来する核を除核未受精卵に移植すること（核移植）によるヒトのクローン個体産生の位置づけを明確化するため、必要な改正を行なうべきであるという報告書をまとめた。一九九八年一二月には、ヒト遺伝学諮問委員会が、ヒトクローン個体を産生しない一定の場合に限って、医療のためのヒトクローン胚の研究利用を認め、同法律を改正するべきという報告書をまとめた。

［ヒト胚研究について］

ヒト胚の研究利用については、前述の「人の受精と胚研究に関する法律」によって、体外受精と合わせて規制されている。これによると、ヒト胚の研究を行なうには、事前に「ヒト受精・胚機構（HFEA）」という機関の許可が必要であり（許可制）、受精後一四日間以内の利用であって、かつ、不妊治療を進展させること、先天性疾病の原因に関する知識を増進させることなど定められた研究目的に当てはまることが必要とされる。過去には、試験管内におけるヒト胚の発生に影響をおよぼす要因を解明することを目的として、ES細胞の樹立が認められた例があるというが、移植用組織の作成など、前述の目的に当てはまらないES細胞の樹立やヒトクローン胚の作成は許可を受けることはできない。また、許可なくヒトの配偶子を動物の配偶子と混ぜ合わせること（ヒト動物交雑胚＝ハイブリッド胚の作成）は禁止されている。

一九九八年一二月、ヒト受精・胚機構とヒト遺伝子諮問委員会は共同報告書「生殖・科学・医療におけるクローニングの問題点」を公表した。この中で、ヒト胚研究によって得られる治療上の便益を考慮して、人の受精と胚研究に関する法律のもとで、ヒト胚研究に許可を与えることができる研究目的に、ミトコンドリア異常症への対応法の開発、疾病状態にあるもしくは損傷を受けた組織または器官に対する治療法の開発、の二つを加えることを検討すべきと提言した。これを受けて保健省内で検討がなされたという。

二〇〇〇年八月一六日、イギリス政府の保健省の諮問委員会（名称不詳）は、クローン胚を培養したり、ES細胞をつくったりすることを解禁するよう求める報告書「幹細胞の研究・責任と医学の進歩」をまとめ、政府に答申。政府は、人の受精と胚研究に関する法律の改正案を作成することを表明、一〇月の制定を目指した。翌日付け『読売新聞』では、「ヒト受精・発生学委員会（HFEA）」が研究を監視するとあるが、『朝日新聞』では、HFEAが行なうのは許認可で、研究の監視を行なうのは新たに設けられる「ヒト遺伝子委員会（HGC）」となっている。報告書は、現行の法律で認められている研究目的に、ヒトの疾病の理解や細胞治療（移植用組織づくり）のためのヒト胚研究を追加すること、核移植によってつくられたクローン胚の研究利用を認めること、ミトコンドリア症の治療のためにヒトの卵子の核移植を行ない、精子を受精させる研究を認めること、などを求めている。

同年一二月一九日、イギリス議会の下院は、クローン技術を利用してヒトの胚を作製し、その胚を医学研究に使うことを認める法律改正案を賛成多数で可決した。ブレア首相は「バイオテクノロジー分野での欧州における指導的な立場」を目指し、法改正を強く支持。与党・労働党は党議拘束せず、「良心の投票」を呼びかけたが、改正案は賛成三六六票、反対一七四票で可決された。そして三日後の一二月二二日、上院が法改正を可決。法律でクローン技術のヒトへの応用を認めた世界初のケースだという。ただし、法改正後もヒトクローン個体の産生は禁止される。ヒトクローン胚の作製などを認めることには、宗教界などから「ヒトクローン個体づくりに道を開くもの」として強い反対の声が上がったが、上院では賛成二一二票、反対九二票で可決された。

フランス

[ヒトクローン個体産生について]

一九九七年二月二七日、シラク大統領は「生命科学及び健康科学のための国家倫理諮問委員会」に対して、クローン技術のヒトへの適用に関する検討を行なうことを指示した。同年四月二四日、同委員会は、生殖に男女の両性が関与し、かつ、偶然性が介在することによって各個人の唯一性が確保されることが人間の尊厳保護の基本的用件であること、クローン技術により産生されるヒトは道具化され、他者の目的のための手段として使われる可能性があること、などからヒトクローン個体を人為的に産生することは倫理的に許されるものではないこと、そしてヒトクローン個体の産生については、既存の法律で禁止されていると解釈できること、などという報告書をまとめた。

［ヒト胚研究について］

ヒト胚の研究利用については、一九九四年に制定された「生命倫理法」によって、体外受精などと合わせて規制がなされている。この法律は、ヒト胚を生命の始まりとして保護することを基本的な考え方としており、ヒト胚を扱う研究は原則として禁止されている。例外として、医学目的で胚を傷つけない観察研究のみ、国の委員会の審査を受けて許可されたうえでの実施を認めている。研究目的で、体外でヒト胚を作成することは禁止しているので、結果的に、ES細胞の作成にヒト胚を使うことや、ヒトクローン胚をつくることもこの法律によって禁止されている。

だが、九九年一一月には、国務院が首相に対して、ES細胞の作成のためにヒト胚研究を認めることを柱にした報告書を提出し、政府で、生命倫理法の改正案の作成作業が開始された。

『ネイチャー』二〇〇〇年一二月七日号によると、フランス政府は、ES細胞の研究に道を開く改正案を議会に提出するつもりだという。しかも、同誌によると、同法案はクローン技術によってヒト胚をつくることも明確には禁止していないという。体外受精の余剰卵を使うことも、受精後六～七日以内に限って許しているという。

ドイツ

［ヒトクローン個体産生について］

ドリーの誕生が発表された直後の一九九七年二月二六日、連邦司法大臣が記者会見を行なって、ヒトクローン個体は後述の法律で禁止されていることを確認する声明を出した。

[ヒト胚研究について]

ヒト胚の研究利用については、一九九〇年に制定された「胚保護法」によって、体外受精などと合わせて規制されている。同法律は、ヒト胚はその受精の瞬間から生命として扱われるべきであるということを基本的な考え方としており、ヒト胚を扱う研究を行なうこと、研究目的でヒト胚を作成することをいっさい禁止している。また、同法律は、ほかの胚や胎児、ヒトと同じ遺伝情報を持つヒト胚が生まれる事態を人為的に引き起こすこと（ヒトクローン胚の作成）、ヒト胚と、ほかのヒトまたは動物の胚や、ヒト胚といっしょになって分裂がさらに可能なほかの細胞とを結合させること（キメラ胚＝集合胚の作成）、動物の配偶子とヒトの配偶子を受精させること（ハイブリッド胚＝ヒト動物交雑胚の作成）を、明文により禁止している。

韓国

[ヒト胚研究について]

ヒト胚を扱う研究やヒトクローン胚を作成する研究に関しては、法的な規制はなされていないが、そうした研究を人間の尊厳に害をもたらしうる行為として原則禁止し、新設する委員会の許可を受けない限り実施できないという、「生命工学育成法」の改正案について審議が行なわれたという。

カナダ

［ヒト胚研究について］

一九九五年の保健大臣によるモラトリアム政策によって、ヒト胚を用いた研究は行なわれていない。しかしアメリカの指針策定を受けて、二〇〇〇年八月、保健大臣が、カナダにはヒトES細胞に関する規制の枠組みがなく、この分野で遅れをとることを危惧するコメントを発表したという。

ヨーロッパ連合

［ヒトクローン個体産生について］

ヨーロッパ評議会（ヨーロッパ議会とは別組織）は、一九九六年一一月「生物学と医学の応用に関し人権と人の尊厳を保護するための条約（人権と生物医学に関する条約とも訳される）」、通称「生命倫理条約」を採択した。この条約は研究目的のヒト胚の作成の禁止などを内容とし、一九九七年四月四日、二二の加盟国が署名し、調印された。また同条約の追加議定書として、一九九八年一月一二日、遺伝的に同一の人間をつくり出すことを目的とするあらゆるクローン技術の使用の禁止に関する「人権及び生物医学に関する条約追加議定書」が調印された。

また、一九九七年五月二八日、ヨーロッパ委員会（ヨーロッパ連合の行政機関）のバイテク倫理諮問グループは、動物のクローン研究は条件付きで認可し、ヒトのクローン（個体の産生？）は禁止するよう勧告する報告書を発表した。

［ヒト胚研究について］

二〇〇〇年一一月、ヨーロッパ委員会の「科学と新技術における倫理に関するヨーロッパ・グループ（EGE）」は、クローン技術（核移植）を使って、研究目的でヒト胚をつくるべきではないという内容の報告書をまとめ、ヨーロッパ理事会（首脳会議）に示した。『ネイチャー』二〇〇〇年一一月六日号によれば、同小委員会は、ヒト胚の作成は「ヒトの命の道具化に一歩を踏み出す」とみなし、再生医療への期待も「とても不確かなもの」と表現したという。

WHO（世界保健機関）

［ヒトクローン個体産生について］

一九九七年五月一四日、遺伝情報が同じ生物を人工的につくり出すクローン技術に関し、ヒトへの応用はできないという「クローン技術に関する決議」を採択した。

デンバーサミット

［ヒトクローン個体産生について］

一九九七年六月二三日、デンバーサミットの八カ国首脳宣言において、子孫をつくり出すことを目的に体細胞の核移植を行なうことを禁止するために、適切な国内措置及び緊密な国際協力が必要である旨の表明がなされた。フランスのシラク大統領の提起と、それを受けたアメリカのクリントン大統領（当時）のイニシアティブだという。

ユネスコ

［ヒトクローン個体産生について］

一九九七年一一月一一日、「ヒトゲノムと人権に関する世界宣言」を採択し、その中で人間の尊厳に反する許されざる行為として、ヒトのクローン個体産生を例として挙げている。

＊本稿は、旧科学技術会議生命倫理委員会のクローン小委員会やヒト胚研究小委員会で配布された資料、両委員会の報告書、三菱化学生命科学研究所の橳島次郎主任研究員の論文、新聞報道などをもとにまとめたものです。たいへん断片的で不明な点も多いうえ、本書出版後も大きな変化が予測されることをご了承ください。

〈主な参考資料〉

・科学技術会議生命倫理委員会クローン小委員会『クローン技術による人個体の産生等に関する基本的考え方』（平成一一年一一月一七日）

・科学技術会議生命倫理委員会ヒト胚研究小委員会『ヒト胚性幹細胞を中心としたヒト胚研究に関する基本的考え方』（平成一二年三月六日）

・衆議院調査局科学技術調査室『第150回国会資料　ヒトに関するクローン技術の規制に関する法律案（内閣提出第7号）参考資料』（平成一二年一〇月）

・櫛島次郎「クローン技術、ヒトへの応用の是非　先進諸国の対応と日本の課題」『時事評論』一九九八年一月号

・櫛島次郎「ヨーロッパ「生命倫理」条約」『外国の立法』一九九八年二〇二号

・高品盛也「ヒトクローン規制」『調査と情報』第三四三号、国立国会図書館　ISSUE BRIEF NUBER 343 (AUG.30.2000)

第8章　指針案 - 当面は、適当に、でも強引に

御輿久美子

形だけの意見公募

二〇〇一年六月二三日、文部科学省から「特定胚の取扱いに関する指針（案）」が公表された（資料2）。一か月間一般から意見を募集した後、八月一日には総合科学技術会議生命倫理専門調査会にかけられた。この日の生命倫理専門調査会では、検討を効率よくおこなうために、九名の委員からなる「特定胚指針プロジェクト」が設置された。一〇月はじめを目途に指針案に対する意見をまとめるそうである。特定胚指針プロジェクトのメンバーは、九人で、座長が位田隆一（京都大学大学院法学研究科教授）、石井紫郎（総合科学技術会議議員）、石井美智子（東京都立大学法学部教授）、垣添忠生（国立がんセンター中央病院長）、勝木元也（岡崎国立共同研究機構　基礎生物学研究所所長）、島薗進（東京大学大学院医学研究科教授）、西川伸一（京都大学大学院医学研究科教授）、藤本征一郎（北海道大学大学院医学研究科教授）、町野朔（上智大学法学部教授）である。一応、女性が一人入っている。

しかし、この指針案は、二ヵ月間で修正し実施に移せるようなものではない。無茶苦茶な案なのである。

特定胚作成に直接関与する立場にある産婦人科医の学会、日本産科婦人科学会はこの指針案に対し、特定胚の作成は学会会告（「ヒト精子・卵子・受精卵を取り扱う研究に関する見解」昭和六〇年三月）に反すること、また、特定胚の作成に必要とされる未受精卵（卵子）について検討されていないこと、指針が認める研究目的が十分に論議されたものでないこと等を指摘し、「このままの指針（案）に対し、本会として会員諸氏に協力を呼び掛けるのは困難である」と批判している。

研究推進の日本組織培養学会・倫理問題委員会でさえ、議論が不明、用語等の解説が不十分でわかりにくいと指摘し、また、「目的ははっきりと、特定胚研究の推進にあると考えられるが、研究推進によって期待される危険性と利得についての解説も不十分」といっている。この案では円滑な研究推進にならない、もっとスマートな外国から笑われないようなものを作って欲しいということであろう。

技術的能力へのすりかえ

指針は人クローン規制法第四条（資料1）において設置が定められている。

この指針案をみると三章から成っていて、形式的には法に沿っているようにみえる。第一章は特定胚の作成の要件、第二章は譲渡等の取扱い要件、第三章は配慮すべき手続きに関する事項である。しかし、これは法第四条の二に対応している。

法第四条の主文——指針策定の目的——に対応する前文なり序章がこの指針案にはない。法第四条の主文には、「特定胚の作成、譲渡又は輸入及びこれらの行為後の取扱いの適正を確保するため、生命現象の解明に関する科学的知見を勘案し、特定胚の取扱いに関する指針を定めなければならない」とある。ふつうなら、生命現象の解明に関する科学的知見を勘案したことを示す説明で指針案文が起こされるはずである。ところが、何の説明もなしに、唐突に、「第一章　特定胚の作成の要件に関する事項」ではじまっている。しかも、その要件とは、「指針案第一条の一、動物の胚又は細胞のみを用いた研究その他の特定胚を用いない研究によっては得ることができない科学的知見が得られること。二、特定胚の作成をしようとする者が当該特定胚を取り扱う研究を行うに足りる技術的能力を有すること」であり、何の具体性もない。しかも、この一、二は法成立過程の議論からは、ずれているのである。

人クローン規制法が成立した国会において衆参両院で「事前に十分な動物実験その他の実験手段を用いた研究が実施されており、かつ、特定胚を用いる必要性・妥当性が認められる研究に限ること」との附帯決議がなされている。その決議内容が、この指針案ではゆがめられている。「事前に十分な動物実験その他の実験手段を用いた研究が実施されており」という箇所は、この指針案では消失し、「特定胚を用いる必要性・妥当性が認められる研究に限ること」という部分は、「動物の胚又は細胞のみを用いた研究その他の特定胚を用いない研究によっては得ることができない科学的知見が得られること」に変えられてしまっている。

そしてまた、二については、特定胚が子宮に戻されないための安全性確保のための措置が、特定胚作成者の技術的能力云々の問題にすりかえられたものと思われる。二〇〇〇年（平成一二年）一一月一四日の第一五〇国会衆議院科学技術委員会において、自民党河野太郎議員は、「こっちで研究をやっていて、隣で胎内に戻す生殖治療をやっているんだったら、何かの手違いで戻ってしまうのではないか。特に最近は、医療の現場での手違いということが頻発しているような報道もあるわけです。こうした特定胚の研究をやるところは、生殖医療をやっている部門、要するに胎内に戻すという活動をやっている部分と物理的に遠く離れたところでやる、そういう規制が必要なのではないかと思います」「そうしますと、特定胚の実験をする場所と生殖医療で胚を戻すという場所は、指針においても切り離される、そういうものができるというふうに解釈をさせていただきたいと思います」と述べている。この指針案をくまなく見ても特定胚の作成や実験をする場所の規制は見当たらず、関連していそうなのが、この、間違いをおこさないように技術に習熟した人がやりなさいといっている第一条の二である。でも、技術的に習熟している人とは、体外受精や顕微受精をおこなっている医師・技術者だから、これでは、特定胚の作成・研究と生殖医療を同じ場所でやれといっているようなものである。

作成してよい胚

次に、中身をみていこう。指針案第一条の二において、作成してよい特定胚として①ヒト胚核移植胚、②ヒト性融合胚、③動物性集合胚の三つを指定し、その研究目的が書かれている。なぜ、この三つの胚は作成して使用していいのか、その説明がない。この指針案の意見公募の際の参考資料に「ヒト胚性幹細胞を中心としたヒト胚研究に関する基本的考え方」(平成一二年三月六日科学技術委員会生命倫理委員会ヒト胚研究小委員会)が載せてあるので、それを見ろということらしい。見てみよう。ヒトのミトコンドリアDNA障害に由来する疾病の予防のための研究が取り上げられたのは、どうやら、イギリスにおいてヒト受精・胚機構およびヒト遺伝子諮問委員会(HGAC)から「ヒト胚受精・胚研究法」の研究許可項目にミトコンドリア異常症への対応法の開発をいれるべきだとの提言がなされているからのようである。日本国内では、この問題は正面切って論議されたことがない。いつも、一部の有力な医学者が行なうべき研究であると議論抜きに言い張ってきたのである。この指針案でも、議論抜きに、イギリスが容認したことをもって日本でも実施しようとしているのである。日本産科婦人科学会でさえ、この研究の実施に関してはいくつかの疑問を提出している。指針案検討の今、障害者の人の意見もきいて、徹底的な議論をすべきである。

指針案第一条二において、このミトコンドリア病予防の研究は「ヒト胚核移植胚」と「ヒト性融合胚」においておこなわれるようになっているが、ヒト胚核移植胚はクローン規制法では子宮に戻すことが禁止されていない胚である。だから、この指針は、臨床応用に向けた基礎研究の開始宣言である。徹底した議論なしに実施は許されない。

一方、ヒト性融合胚とは、本書第一章で説明したとおり、動物除核卵に人の核(体細胞の核を含む)を入れてつくった胚であり、ミトコンドリアは動物のものである。この胚は子宮に戻すことは法で禁じられているので、臨床応用つまり個体つくりを目的とはされていないと解されるが、では、人の核と動物ミトコンドリアの相互作用についての基礎的な研究とは一体何だろうか。そういう研究をする意味があるのだろうか。おそらくヒト胚核移植胚の場合は人の除核卵が必要なので、そのための人の未受精卵（卵子）の調達に困難が想定され、それまでのつなぎに動物除核卵を用いて実験をやっておこうということではないだろうか。

また、「その他の再生医療に関する研究」とあるので、動物の除核卵に人の体細胞核を入れてヒト性融合胚をつくり、その細胞を動物の胚に注入するなどして動物性集合胚（キメラ胚）を作成するものと思われる。これは、動物の子宮に戻して臓器を作らせる前段階の実験である。

なお、ヒト性融合胚の核は人由来であるので、その核をとって今度は人の除核卵にいれると、法律の定義ではヒト性融合胚なのだけれども実際には人のクローン胚ができる。つまり、人の体細胞の核を動物除核卵にいれてヒト性融合胚をつくり、その胚の核を人除核卵に入れれば人の体細胞クローン胚がつくられる。今回出された指針案では人クローン胚の作成は認められていないので、このヒト性融合胚で代用しておこうということであろう。このように、ヒト性融合胚は、人のクローン胚へのつなぎなのである。

次に、動物性集合胚であるが、これは動物の胚（胚盤胞の時期）の中に人の体細胞やヒト胚核移植胚、ヒト性融合胚の細胞を注入してあるいは擬集させてできたキメラが該当する。体細胞は、それ自体を胚に注入してもうまくいかないだろうから、体細胞といっても、おそらく、組織内に存在する幹細胞（ES細胞に似た性質を持つ）を用いると思われる。研究目的は、移植用臓器の作製のためであるから、この指針案では第九条で子宮に戻すことが禁止されてはいるが、早晩、子宮（動物の子宮）への移植は解禁されるであろう。

ところで、こういうキメラ胚について、「ヒト胚性幹細胞を中心としたヒト胚研究に関する基本的考え方」においては、次のように書かれている。「動物の胚にヒトの細胞を導入して得られるキメラ胚については、（中略）ヒト由来の組織を持つ生物に発生可能な胚を作成する行為として慎重に対応する必要があり、その研究の必要性について厳格な審査が必要である。」また、ヒト集合胚（人と人のキメラ）については「胚の作成の段階から禁止されるべきである」と明記されている。今回の指針案では、ヒト集合胚は作成対象外、胎内への移植も禁止とされたが、法では作成も胎内への移植さえ禁止されていない。ヒト胚に関する基本的考え方を法では無視し、指針で当面は従っておこうということなのである。科学技術会議生命倫理委員会ヒト胚研究小委員会の提言も軽くあしらわれたものである。

なお、この法律、指針案およびヒトES細胞研究指針に全く触れられていないキメラ個体作成の方法が一つある。胎児にES細胞を移植して組織をつくらせるやり方である。筑波大学では既にブタでおこなっているのであるが、ブタ胎仔の腹腔内にヒトの幹細胞を注入して血球をつくらせている。この仔ブタの血液中ではブタの血球とヒトの血球が混じって存在しているという。この場合、胚ではなく細胞を、子宮ではなく胎児（個体）に移植したのであるから、法にも指針にも抵触しない。法律でも、ヒト集合胚の胎内移植は禁じていないのであるから、胎児診断で疾患が見つかった場合に、正常ヒトES細胞を胎児に注入する試みは、細胞移植による胎児治療として実施することができる。一般の人が事態に気づかないうちに、人のキメラ個体が誕生する恐れは十分にある。

胚・未受精卵提供の問題点

指針案第二条「胚又は細胞の提供者の同意」は、人クローン法第四条の2の一「胚又は細胞の提供者の同意が得られていること」との条文に対応しており、作成者が書面を用いて説明し同意を得ることと定めている。この指針案では唯一、具体的な記載のある条文である。しかしながら、具体的といっても、説明及び同意の書面の参考例が示されているわけではないし、個人情報保護の方法についても何ら具体的方法が示されていない。提供者に説明を開始する時期の記載もない。

また、奇妙なのは、この指針案では、人の除核卵の材料となる人の未受精卵（卵子）に関しては、一度も単語が出てこない。「細胞」という中に含めている。未受精卵あるいは卵子という用語を使いたくないようである。それは、なぜか。一般の人に気付かれたくない事項を隠しておくためである。卵子をとってくるとしたら女性からであり、採取先としては、生殖医療現場、手術時、そして女性の胎児や乳幼児を含む死体からである。そう書いてしまえば、具体的に問題点を指摘し、場合によっては禁止措置をとらなければならない。たとえば、死体からの卵巣の採取は親族からの同意でいいのか、また、その卵巣から卵細胞をとってきて成熟卵子をつくることは容認されるのかといった検討は、まだされていないのである。本来なら、こういう未検討の事項は禁止されるべきなのである。そういうことを世間の目からごまかして、個々の研究者・研究機関に判断を委ねておこうというのが、この指針案である。

本書九四頁に書かれているように、二〇〇〇年一一月一〇日の科学技術委員会の質疑の折、結城政府参考人は「クローン胚等の特定胚の作成にヒトの卵子を用いる場合には、卵子がその採取のために女性に多大な負担がかかるということや、受精を経れば個体へと発生していく可能性を持っているものであることを考慮しまして、この法律に基づき作成される指針に厳格な要件を定めることにしております。」と述べている。この指針案のどこに、卵子について厳格な要件を定めた箇所があるのだろうか。

指針案第三条は胚および細胞の無償提供を定めた条文である。第二条4の六には提供者に対して胚又は細胞の提供は無償である旨説明をおこなうと決められているので、この三条の無償の規定は提供者に対しての規定ではない。条文も「特定胚の作成に用いられるヒトの胚及び細胞の提供は、輸送費その他の必要な経費を除き、無償で行われるものとする」とある。輸送費その他の必要な経費を除きということは、提供者からもらった胚や細胞をどこかに運んで（おそらく、ヒト胚研究の指針案で定められたヒトES細胞樹立機関）そこで作成するという場合を想定している。その他の必要な経費とは凍結保存のための経費などであろう。この場合には作成を実施する研究者・技術者本人が提供者のもとに出向いて説明し同意を得るということはないと考えられる。ここでいう作成者とは、作成機関あるいは研究機関を指していると見るべきであろう。そうして作られた特定胚は、第五条四での規定で、無償で譲渡されるのである。

私は、無償提供の点についても疑問をもっている。胚や卵子を売買することが良いとは思わないが、無償で提供することにも問題はある。無償提供ということはいわば所有権の放棄である。権利を放棄したものに対して、提供者ははたして同意の撤回とかプライバシーの保持といったことをどこまで要求できるのだろうか。〝いのち〟や体の一部に値段はつけられない、だから無償で提供してもらえばいいという安易な考えは、かえって〝いのち〟や体の軽視になってしまうのではないだろうか。この指針案を見ても、人の胚や細胞に対していのちの萌芽であるという配慮が感じられない。誰のものでもない、誰からも守られない人の胚や細胞が生じるのである。

認めたかった人クローン胚作成

以上述べてきたように、この規制案は、法成立時の議論を反映していないし、内容もお粗末極まりないというものである。だからであろう、二〇〇一年六月二七日、衆議院文部科学委員会において、答弁に立った水島大臣政務官は与野党委員の質問に対して支離滅裂な返答をしている。以下に、一部を紹介しておこう。

斉藤（鉄）**委員**（公明党）　特定胚の取扱いに関する指針案、指針ということでございますが、先日、この指針案ができてパブリックコメントを求めるという段階になったということでございますので、まず、この指針案、基本的な考え方、詳しい細かい話は結構でございます、基本的にこういう考え方でこの指針案をつくりましたという点についてお伺いします。

水島大臣政務官　斉藤委員のおっしゃるとおりでございまして、クローン人間はつくってはいけないけれども、役に立つことにつながる研究はやっていこうというので、私は、特に細胞治療と組織、臓器移植にかかわるものというものが一番大切だと思いますので、それに通じる研究は進める。それから、非常に厄介な問題ですけれども、生殖医療でやはり役に立つところも続けた方がいい、そういうふうに考えております。

（中略）

斉藤（鉄）委員　それでは、具体的にちょっと質問させていただきます。

文部科学省からいただいた資料なんですけれども、胚の種類に九種類ありまして、この中で、ヒト性融合胚とヒト胚核移植胚、動物性集合胚、この三つについて研究が許されて、しかるべきガイドラインがつくられたということでございます。

その基本的考え方は、今水島政務官がおっしゃった考え方に基づいて行われているんだろう、このように思うわけですが、ちょっとおやっと思いますのは、この九つの胚のうち、昨年のあの法律の論議を思い出しますと、九種類のうち四種類については、非常に反社会性が高いということで、胚の母胎への移植を法律で禁止するということになりました。残りの五つの胚につきましては、反社会性がそんなに高くないといいましょうか、ちょっとそれは言葉が適切でないのかもしれませんけれども、ということで、これは母胎への移植は法律では禁止されなくて、指針で禁止されるということになりました。ですから、その四つ、法律で禁止された四つの胚については非常に反社会性が高いということでございました。五つについてはそうでもない。

ところが、今回研究が許された三つの胚のうち、ヒト性融合胚については、いわゆるさきの国会論議で反社会性が高いと言われた胚でございます。この胚の研究が今回許されて、いわゆる反社会性がそんなに高くないと言われたヒト胚分割胚でありますとかヒト集合胚、動物性融合胚、こういうものについてはガイドラインでも今回研究が認められませんでした。

何かちぐはぐな感じがするんですけれども、この点についてお伺いします。

水島大臣政務官　まず、九つのうち三つでということだと思いますけれども、九つといいましても、これは可能性を全部列記したために九つになったので、およそその九つの中に無意味なものもあるわけですね。例えば動物性融合胚なんて、こんなことをやったってしようがないというのがございますので、何も九つ全部が対象になっていないということでございます。

それから、私も自民党の小委員長をやっていて、そんなことを言って大変申しわけないんですけれども、やはりこのぐらい時間がたちますと、ちょっと忘れちゃいましたので、けさ九時からこれ全部九つ見て、全然あれなしに、私なりに、非人道的、それから意味がないというふうにしていきますと、必ずしもおっしゃるように今度の三つが私がつけたのとぴしゃり合うわけでもないんですね。

　それで、特に、先ほどの御指摘のヒト性融合胚というのはヒト胚核移植胚というのとほとんど同じですので、後者でもって代弁できる、つまり、ミトコンドリア症などを防ぐ意味で行う研究でございますから、ヒト胚核移植胚というので私は十分だと思うんですけれども、ですから、ちょっと斉藤先生と少し意見が一致するわけでございます。

　そのほかに人クローン胚、これは本当に子宮に入れると人ができちゃいますんですけれども、私なぞは、これは研究としてはなるたけ早く始めた方がいいんじゃないかなと。子宮に入れるのはもちろん禁止、絶対禁止でございますけれども、した方がいいと思いますので、やはりあくまでもこの指針は当面こうしておこうということであって、正直言って、私もこの議論に加わっておりませんし、当面これでいいと思いますけれども、これでずっとやっていこうという意味では決してございません。

斉藤（鉄）委員　私も、率直に言いまして、ちょっと厳し過ぎるんではないかなと。研究もその三種類の胚だけに限っておる、ちょっと厳し過ぎるんではないかなというふうなことを感じましたが、当面ということで納得いたしました。

　すごい進歩で、すごいスピードで研究が進歩しております。そういう中で、この指針というものも当然その進歩に見合いながら変わっていかなくてはならない、このように思うんですけれども、今後の指針の変更とか、進歩に合わせての変化、これについてはどうでしょうか。

水島大臣政務官　これは法律をつくるときも、法律をもっと厳しくした方がいいんじゃないかという意見も随分自民党の中にもありまして、だけれども、やはり研究というのはすごく進むものですから、法律で決めちゃったものを変えるのは大変だから、そこの辺は指針でしょうということで、今回指針ができたわけで、おっしゃるように、これは、研究の進歩によって、あるいは今時点でも少し変えた方がいいんじゃないかなと思うところもございますので、この指針は柔軟に対応できて、ただし、科学技術会議の意見を聞くという条件はついておりますけれども、柔軟に、新しく出た結果を踏まえて変えられるということになっておりますので、先生も私も、きっと安心していいんじゃないかなと思っております。

（後略）

人の卵子をどこからとるのか

北川委員（社民党）　この人クローン胚だけを除外した理由、それを少しお伺いしたいと思います。

水島大臣政務官　この特定胚の中で最も重要なのは、私、人クローン胚だと思うのです。ですから、今回は除外いたしましたけれども、これはやはり、そのうちまたよく議論を高めて、これはクローン人間をつくるということじゃなくて、ほかに有効な、細胞治療とか臓器移植にも、いろいろな有用なことにつながる技術でもありますので、今回は除きましたけれども、そのうちまた十分これは検討すべきだというふうに思っております。

（中略）

北川委員　（前略）それで、次の質問なんですけれども、クローン胚づくりには不可欠である卵子とか卵細胞とか、これをどこから持ってくるのかというのがすごい私の疑問点なんですけれども、これはどこから持ってくるのでしょうかね。

水島大臣政務官　未受精卵をどこかから持ってくるという御質問でございますか。（中略）

受精卵の場合はもちろん余ったものでいいわけですけれども、未受精卵の場合は、やはり故意にとらないといけないわけですので、インフォームド・コンセントをきっちりとって、これは私も専門じゃないから、必ずしも全部詳しくないのですけれども、最初はおなかを切ってとっていたりしましたけれども、今は経子宮とかいろいろな方法でとってきていると思います。一番大切なのはインフォームド・コンセントだと思います。

北川委員　（前略）女性からの意見をもう少しいろいろな形の分野で聞くべきではないかということ。どこから持ってくるかというところは、女性の体から持ってくるわけですね。

そこで、お伺いしたいのですが、この中に細胞というのが出てくるのですね。「ヒトの胚又は細胞を用いることについて」「ヒトの胚及び細胞の提供」等々で細胞という言葉が使われているのですが、これは、三条のところには「ヒトの胚及び生殖細胞の無償提供」と書いて、生殖細胞の無償提供となって、「生殖細胞」と生殖がつくのですが、条文になりますと「細胞」になっているのですね。この「細胞」は何を指しますか。

水島大臣政務官　これは、体細胞も含めて全部の細胞というふうに御理解ください。

（中略）

北川委員　ということになりますと、今回の特定胚の指針、ガイドラインでは、胎児とか死体とかという意味での細胞というふうにとらえる余地もあるという御回答なんでしょうか、今の御答弁は。

水島大臣政務官　後ろから紙が来ているから、紙を本当は見なくちゃいけないんですけれども、今度も、要するに人クローン胚は除外しているわけです。ですから、クローンは途中まで研究はしてもいいけれども、その未受精卵とかそういうものは使ってやってはいけないということになっているので、恐らく矛盾しないと思いますけれども、ちょっと済みません――ろくなことは書いていないですから。

北川委員　今のでも、明確には使えるということで言われたのですか。

水島大臣政務官　何が使えるんですか。

北川委員　胎児及び死体です。

水島大臣政務官　さっき申しましたように、（後略）

北川委員　（前略）それから、先ほど斉藤委員もおっしゃっていたんですが、この指針で当分の間というのが三カ所出てくるんです。読売新聞の発表では当面禁止というふうになっていました。そこで、すごく私は気になるんですけれども、この当面禁止を解除するとき、このガイドラインは、すべからく、国会での審議は経ないでいいわけなんです。ということで、この当分の間の禁止を解除するときには何が基準で解除されていくのか。こういうことを本当に胚のガイドラインに入れ込まれるのならば、クローン法案の方にとか、指針案にやはりそういう細かい部分を入れるべきではなかったのか。ぜひ、何を基準に解除するのか教えていただきたいと思います。

水島大臣政務官　その前に、一言。文部科学省は研究ばっかりというようなことをおっしゃっていますけれども、私は、文部科学省に入りましてから、研究はやはり人類の福祉と社会の豊かのためにやるもので、必ず実用化、成果ということを見ながらやらなくちゃいけないとよく言っておりましたし、また言ってまいりましたし、また、クローン法案の小委員長をやるときも、これは女性、特に卵子をとるというときには女性に負担をかけるわけでありますから、女性の意見は十分聞くということで、かなりその辺はきちっとしたつもりでございますので、よろしく御理解いただきたいと思います。

それから、今の問題ですけれども、これは先ほど斉藤委員もおっしゃいましたように、科学というのは非常に進歩する。それで、私は、自然科学というのは社会にプラスになる、人類に貢献すること以外はもう科学技術と言うべきではないというのが持論でございますので、いろいろな研究が進歩して人類とか社会に貢献するようなことが出てきたら、それを踏まえて、そこでもう一回これを、答申を考え直すということであって、今の時点で想像がつくということはそうないわけでございます。

（後略）

水島大臣政務官の答弁で唯一よみとれることは、人クローン胚の作成を今回は認めなかったが、できるだけはやく時期をみて作成できるようにしたいという意向である。これは、水島氏個人の考えというよりは、むしろ、国の、人クローン規制法策定の本音ではないかと思われる。人クローン胚を作って、その胚からES細胞をつくり再生医療研究を開始したい、そのためには人クローン個体の作成だけを禁止して、胚作成を可能にしようという意図だったのだろう。ところが、法律が出来て指針をつくる時期に、ちょうど、米国が胚作成を禁止する法律をつくったので、日本も人クローン胚作成をしばらくは解禁するわけにはいかなくなったというところであろう。指針案にみられる「当分の間」という語句は、そういう背景事情、心情を示す言葉であろう。そう思って読むと、この指針案、人間くさいドロドロとした法指針である。法律に血を通わせるといっても、このようなものでなく、人間の尊厳を保持するような格調高い誇りのあるものが出来なかったのは残念である。

資料 *1*　ヒトに関するクローン技術等の規制に関する法律

ヒトに関するクローン技術等の規制に関する法律（法律第百四十六号）

（目的）

第一条　この法律は、ヒト又は動物の胚又は生殖細胞を操作する技術のうちクローン技術ほか一定の技術（以下「クローン技術等」という。）が、その用いられ方のいかんによっては特定の人と同一の遺伝子構造を有する人（以下「人クローン個体」という。）若しくは人と動物のいずれであるかが明らかでない個体（以下「交雑個体」という。）を作り出し、又はこれらに類する個体の人為による生成をもたらすおそれがあり、これにより人の尊厳の保持、人の生命及び身体の安全の確保並びに社会秩序の維持（以下「人の尊厳の保持等」という。）に重大な影響を与える可能性があることにかんがみ、クローン技術等のうちクローン技術又は特定融合・集合技術により作成される胚を人又は動物の胎内に移植することを禁止するとともに、クローン技術等による胚の作成、譲受及び輸入を規制し、その他当該胚の適正な取扱いを確保するための措置を講ずることにより、人クローン個体及び交雑個体の生成の防止並びにこれらに類する個体の人為による生成の規制を図り、もって社会及び国民生活と調和のとれた科学技術の発展を期することを目的とする。

（定義）

第二条　この法律において、次の各号に掲げる用語の意義は、それぞれ当該各号に定めるところによる。

一　胚　一の細胞（生殖細胞を除く。）又は細胞群であって、そのまま人又は動物の胎内において発生の過程を経ることにより一の個体に成長する可能性のあるもののうち、胎盤の形成を開始する前のものをいう。

二　生殖細胞　精子（精細胞及びその染色体の数が精子の染色体の数に等しい精母細胞を含む。以下同じ。）及び未受精卵をいう。

三　未受精卵　未受精の卵細胞及び卵母細胞（その染色体の数が卵細胞の染色体の数に等しいものに限る。）をいう。

四　体細胞　哺《ほ》乳綱に属する種の個体（死体を含む。）若しくは胎児（死胎を含む。）から採取された細胞（生殖細胞を除く。）又は当該細胞の分裂により生ずる細胞であって、胚又は胚を構成する細胞でないものをいう。

五　胚性細胞　胚から採取された細胞又は当該細胞の分裂により生ずる細胞であって、胚でないものをいう。

六　ヒト受精胚　ヒトの精子とヒトの未受精卵との受精により生ずる胚（当該胚が一回以上分割されることにより順次生ずるそれぞれの胚であって、ヒト胚分割胚でないものを含む。）をいう。

七　胎児　人又は動物の胎内にある細胞群であって、そのまま胎内において発生の過程を経ることにより一の個体に成長する可能性のあるもののうち、胎盤の形成の開始以後のものをいい、胎盤その他のその附属物を含むものとする。

八　ヒト胚分割胚　ヒト受精胚又はヒト胚核移植胚が人の胎外において分割されることにより生ずる胚をいう。

九　ヒト胚核移植胚　一の細胞であるヒト受精胚若しくはヒト胚分割胚又はヒト受精胚、ヒト胚分割胚若しくはヒト集合胚の胚性細胞であって核を有するものがヒト除核卵と融合することにより生ずる胚をいう。

十　人クローン胚　ヒトの体細胞であって核を有するものがヒト除核卵と融合することにより生ずる胚（当該胚が一回以上分割されることにより順次生ずるそれぞれの胚を含む。）をいう。

十一　クローン技術　人クローン胚を作成する技術をいう。

十二　ヒト集合胚　次のいずれかに掲げる胚（当該胚が一回以上分割されることにより順次生ずるそれぞれの胚を含む。）をいう。

イ　二以上のヒト受精胚、ヒト胚分割胚、ヒト胚核移植胚又は人クローン胚が集合して一体となった胚（当該胚とヒトの体細胞又はヒト受精胚、ヒト胚分割胚、ヒト胚核移植胚若しくは人クローン胚の胚性細胞とが集合して一体となった胚を含む。）

ロ　一のヒト受精胚、ヒト胚分割胚、ヒト胚核移植胚又は人クローン胚とヒトの体細胞又はヒト受精胚、ヒト胚分割胚、ヒト胚核移植胚若しくは人クローン胚の胚性細胞とが集合して一体となった胚

十三　ヒト動物交雑胚　次のいずれかに掲げる胚（当該胚が一回以上分割されることにより順次生ずるそれぞれの胚を含む。）をいう。

イ　ヒトの生殖細胞と動物の生殖細胞とを受精させることにより生ずる胚

ロ　一の細胞であるイに掲げる胚又はイに掲げる胚の胚性細胞であって核を有するものがヒト除核卵又は動物除核卵と融合することにより生ずる胚

十四　ヒト性融合胚　次のいずれかに掲げる胚（当該胚が一回以上分割されることにより順次生ずるそれぞれの胚を含む。）をいう。

イ　ヒトの体細胞、一の細胞であるヒト受精胚、ヒト胚分割胚、ヒト胚核移植胚若しくは人クローン胚又はヒト受精胚、ヒト胚分割胚、ヒト胚核移植胚、人クローン胚若しくはヒト集合胚の胚性細胞であって核を有するものが動物除核卵と融合することにより生ずる胚

ロ　一の細胞であるイに掲げる胚又はイに掲げる胚の胚性細胞であって核を有するものがヒト除核卵と融合することにより生ずる胚

十五　ヒト性集合胚　次のいずれかに掲げる胚であって、ヒト集合胚、動物胚又は動物性集合胚に該当しないもの（当該胚が一回以上分割されることにより順次生ずるそれぞれの胚を含む。）をいう。

イ　二以上の胚が集合して一体となった胚（当該胚と体細胞又は胚性細胞とが集合して一体となった胚を含む。）

ロ　一の胚と体細胞又は胚性細胞とが集合して一体となった胚

ハ　イ又はロに掲げる胚の胚性細胞であって核を有するものがヒト除核卵又は動物除核卵と融合することにより生ずる胚

十六　特定融合・集合技術　ヒト動物交雑胚、ヒト性融合胚及びヒト性集合胚を作成する技術をいう。

十七　動物哺《ほ》乳綱に属する種の個体（ヒトを除く。）をいう。

十八　動物胚　次のいずれかに掲げる胚（当該胚が一回以上分割されることにより順次生ずるそれぞれの胚を含む。）をいう。

イ　動物の精子と動物の未受精卵との受精により生ずる胚

ロ　動物の体細胞、一の細胞であるイに掲げる胚又はイに掲げる胚の胚性細胞であって核を有するものが動物除核卵と融合することにより生ずる胚

ハ　二以上のイ又はロに掲げる胚が集合して一体となった胚（当該胚と動物の体細胞又はイ若しくはロに掲げる胚の胚性細胞とが集合して一体となった胚を含む。）

ニ　一のイ又はロに掲げる胚と動物の体細胞又はイ若しくはロに掲げる胚の胚性細胞とが集合して一体となった胚

十九　動物性融合胚　次のいずれかに掲げる胚（当該胚が一回以上分割されることにより順次生ずるそれぞれの胚を含む。）をいう。

イ　動物の体細胞、一の細胞である動物胚又は動物胚の胚性細胞であって核を有するものがヒト除核卵と融合することにより生ずる胚

ロ　一の細胞であるイに掲げる胚又はイに掲げる胚の胚性細胞であって核を有するものが動物除核卵と融合することにより生ずる胚

二十　動物性集合胚　次のいずれかに掲げる胚（当該胚が一回以上分割されることにより順次生ずるそれぞれの胚を含む。）をいう。

イ　二以上の動物性融合胚が集合して一体となった胚（当該胚と体細胞又は胚性細胞とが集合して一体となった胚を含む。）

ロ　一以上の動物性融合胚と一以上の動物胚又は体細胞若しくは胚性細胞とが集合して一体となった胚

ハ　一以上の動物胚とヒトの体細胞又はヒト受精胚、ヒト胚分割胚、ヒト胚核移植胚、人クローン胚、ヒト集合胚、ヒト動物交雑胚、ヒト性融合胚、ヒト性集合胚若しくは動物性融合胚の胚性細胞とが集合して一体となった胚（当該胚と動物の体細胞又は動物胚の胚性細胞とが集合して一体となった胚を含む。）

ニ　イからハまでに掲げる胚の胚性細胞であって核を有するものがヒト除核卵又は動物除核卵と融合することにより生ずる胚

二十一　融合　受精以外の方法により複数の細胞が合体して一の細胞を生ずることをいい、一の

細胞の核が他の除核された細胞に移植されることを含む。

二十二　除核　細胞から核を取り除き、又は細胞の核を破壊することをいう。

二十三　ヒト除核卵　ヒトの未受精卵又は一の細胞であるヒト受精胚若しくはヒト胚分割胚であって、除核されたものをいう。

二十四　動物除核卵　動物の未受精卵又は一の細胞である動物胚であって、除核されたものをいう。

2　次の表の上欄に掲げる規定の適用については、同表の中欄に掲げる胚又は細胞は、当該規定中の同表の下欄に掲げる胚又は細胞に含まれるものとする。

	上欄	中欄	下欄
一	前項第八号	ヒト胚分割胚	ヒト受精胚
二	前項第九号	ヒト胚核移植胚	ヒト受精胚
三	前項第十号	一の細胞である人クローン胚又は人クローン胚の胚性細胞	ヒトの体細胞
四	前項第十二号イ及びロ	ヒト集合胚の胚性細胞	人クローン胚の胚性細胞

五	前項第十三号ロ	ヒト動物交雑胚	イに掲げる胚
六	前項第十四号イ	ヒト性融合胚	人クローン胚
七	前項第十四号ロ	ヒト性融合胚	イに掲げる胚
八	前項第十八号ロ	動物胚	イに掲げる胚
九	前項第十八号ハ及びニ	動物胚の胚性細胞	イに掲げる胚の胚性細胞
十	前項第十九号イ	動物性融合胚	動物胚
十一	前項第十九号ロ	動物性融合胚	イに掲げる胚
十二	前項第二十号ハ	動物性集合胚の胚性細胞	動物胚の胚性細胞
十三	前項第二十三号	ヒト胚核移植胚又は人クローン胚	ヒト受精胚
十四	前項第二十四号	ヒト動物交雑胚、ヒト性融合胚又は動物性融合胚	動物胚

（禁止行為）

第三条　何人も、人クローン胚、ヒト動物交雑胚、ヒト性融合胚又はヒト性集合胚を人又は動物の胎内に移植してはならない。

（指針）

第四条　文部科学大臣は、ヒト胚分割胚、ヒト胚核移植胚、人クローン胚、ヒト集合胚、ヒト動物交雑胚、ヒト性融合胚、ヒト性集合胚、動物性融合胚又は動物性集合胚（以下「特定胚」という。）が、人又は動物の胎内に移植された場合に人クローン個体若しくは交雑個体又は人の尊厳の保持等に与える影響がこれらに準ずる個体となるおそれがあることにかんがみ、特定胚の作成、譲受又は輸入及びこれらの行為後の取扱い（以下「特定胚の取扱い」という。）の適正を確保するため、生命現象の解明に関する科学的知見を勘案し、特定胚の取扱いに関する指針（以下「指針」という。）を定めなければならない。

2　指針においては、次に掲げる事項について定めるものとする。

一　特定胚の作成に必要な胚又は細胞の提供者の同意が得られていることその他の許容される特定胚の作成の要件に関する事項

二　前号に掲げるもののほか、許容される特定胚の取扱いの要件に関する事項

三　前二号に掲げるもののほか、特定胚の取扱いに関して配慮すべき手続その他の事項

3　文部科学大臣は、指針を定め、又はこれを変更しようとするときは、あらかじめ、関係行政機関の長に協議するとともに、総合科学技術会議の意見を聴かなければならない。

4　文部科学大臣は、指針を定め、又はこれを変更したときは、遅滞なく、これを公表しなければならない。

（遵守義務）

第五条　特定胚の取扱いは、指針に従って行わなければならない。

（特定胚の作成、譲受又は輸入の届出）

第六条　特定胚を作成し、譲り受け、又は輸入しようとする者は、文部科学省令で定めるところにより、次に掲げる事項を文部科学大臣に届け出なければならない。

一　氏名又は名称及び住所並びに法人にあっては、その代表者の氏名

二　作成し、譲り受け、又は輸入しようとする胚の種類

三　作成、譲受又は輸入の目的及び作成の場合にあっては、その方法

四　作成、譲受又は輸入の予定日

五　作成、譲受又は輸入後の取扱いの方法

六　前各号に掲げるもののほか、文部科学省令で定める事項

2　前項の規定による届出をした者は、その届出に係る事項を変更しようとするときは、文部科学省令で定めるところにより、文部科学大臣に届け出なければならない。

（計画変更命令等）

第七条　文部科学大臣は、前条第一項又は第二項の規定による届出があった場合において、その届出に係る特定胚の取扱いが指針に適合しないと認めるときは、その届出を受理した日から六十日以内に限り、その届出をした者に対し、当該特定胚の取扱いの方法に関する計画の変更又は廃止その他必要な措置をとるべきことを命ずることができる。

2　文部科学大臣は、前条第一項又は第二項の規定による届出に係る事項の内容が相当であると認めるときは、前項に規定する期間を短縮することができる。この場合において、文部科学大臣は、その届出をした者に対し、遅滞なく、当該短縮後の期間を通知しなければならない。

（実施の制限）

第八条　第六条第一項又は第二項の規定による届出をした者は、その届出が受理された日から六十日（前条第二項後段の規定による通知があったときは、その通知に係る期間）を経過した後でなければ、それぞれ、その届出に係る特定胚を作成し、譲り受け、若しくは輸入し、又はその届出に係る事項を変更してはならない。

（偶然の事由による特定胚の生成の届出）

第九条　第六条第一項の規定による届出をした者は、偶然の事由によりその届出に係る特定胚から別の特定胚が生じたときは、文部科学省令で定めるところにより、速やかに、次に掲げる事項を文部科学大臣に届け出なければならない。ただし、当該生じた特定胚を直ちに廃棄する場合は、この限りでない。

一　氏名又は名称及び住所並びに法人にあっては、その代表者の氏名

二　生じた胚の種類

三　生成の期日

四　前三号に掲げるもののほか、文部科学省令で定める事項

（記録）

第十条　第六条第一項又は前条の規定による届出をした者は、文部科学省令で定めるところにより、その届出に係る特定胚について、次に掲げる事項に関する記録を作成しなければならない。

一　作成し、譲り受け、又は輸入した胚の種類

二　作成、譲受又は輸入の期日

三　作成、譲受又は輸入後の取扱いの経過

四　前三号に掲げるもののほか、文部科学省令で定める事項

2　前項の記録は、文部科学省令で定めるところにより、保存しなければならない。

（特定胚の譲渡等の届出）

第十一条　第六条第一項又は第九条の規定による届出をした者は、その届出に係る特定胚を譲り渡し、輸出し、滅失し、又は廃棄したときは、文部科学省令で定めるところにより、遅滞なく、次に掲げる事項を文部科学大臣に届け出なければならない。

一　氏名又は名称及び住所並びに法人にあっては、その代表者の氏名

二　譲り渡し、輸出し、滅失し、又は廃棄した胚の種類

三　譲渡、輸出、滅失又は廃棄の期日及び滅失又は廃棄の場合にあっては、その態様

四　前三号に掲げるもののほか、文部科学省令で定める事項

（特定胚の取扱いに対する措置命令）

第十二条　文部科学大臣は、第六条第一項又は第九条の規定による届出をした者の特定胚の取扱いが指針に適合しないものであると認めるときは、その届出をした者に対し、特定胚の取扱いの中止又はその方法の改善その他必要な措置をとるべきことを命ずることができる。

（個人情報の保護）

第十三条　第六条第一項又は第九条の規定による届出をした者は、その届出に係る特定胚の作成に用いられた胚又は細胞の提供者の個人情報（個人に関する情報であって、当該情報に含まれる氏名、生年月日その他の記述等により特定の個人を識別することができるもの（他の情報と照合することにより、特定の個人を識別することができることとなるものを含む。）をいう。以下この条において同じ。）の漏えいの防止その他の個人情報の適切な管理のために必要な措置を講ずるよう努めなければならない。

（報告徴収）

第十四条　文部科学大臣は、この法律の施行に必要な限度において、第六条第一項又は第九条の規定による届出をした者に対し、その届出に係る特定胚の取扱いの状況その他必要な事項について報告を求めることができる。

（立入検査）

第十五条　文部科学大臣は、この法律の施行に必要な限度において、その職員に、第六条第一項若しくは第九条の規定による届出をした者の事務所若しくは研究施設に立ち入り、その者の書類その他必要な物件を検査させ、又は関係者に質問させることができる。

2　前項の規定により職員が事務所又は研究施設に立ち入るときは、その身分を示す証明書を携帯し、かつ、関係者の請求があるときは、これを提示しなければならない。
3　第一項の規定による権限は、犯罪捜査のために認められたものと解してはならない。

（罰則）

第十六条　第三条の規定に違反した者は、十年以下の懲役若しくは千万円以下の罰金に処し、又はこれを併科する。

第十七条　次の各号のいずれかに該当する者は、一年以下の懲役又は百万円以下の罰金に処する。
一　第六条第一項の規定による届出をせず、又は虚偽の届出をして特定胚を作成し、譲り受け、又は輸入した者
二　第六条第二項の規定による届出をせず、又は虚偽の届出をして同項に規定する事項を変更した者
三　第七条第一項の規定による命令に違反した者
四　第十二条の規定による命令に違反した者

第十八条　第八条の規定に違反した者は、六月以下の懲役又は五十万円以下の罰金に処する。

第十九条　次の各号のいずれかに該当する者は、五十万円以下の罰金に処する。
一　第九条の規定による届出をせず、又は虚偽の届出をした者
二　第十条第一項の規定による記録を作成せず、又は虚偽の記録を作成した者

三　第十条第二項の規定に違反した者

四　第十一条の規定による届出をせず、又は虚偽の届出をした者

五　第十四条の規定による報告をせず、又は虚偽の報告をした者

六　第十五条第一項の規定による立入り若しくは検査を拒み、妨げ、若しくは忌避し、又は質問に対して陳述せず、若しくは虚偽の陳述をした者

第二十条　法人の代表者又は法人若しくは人の代理人、使用人その他の従業者が、その法人又は人の業務に関し、第十六条から前条までの違反行為をしたときは、行為者を罰するほか、その法人又は人に対しても、各本条の罰金刑を科する。

附則

（施行期日）

第一条　この法律は、公布の日から起算して六月を経過した日から施行する。ただし、次の各号に掲げる規定は、当該各号に定める日から施行する。

一　第四条第三項及び附則第三条の規定　公布の日

二　第四条第一項、第二項及び第四項、第五条から第十五条まで、第十七条から第十九条まで並びに第二十条（第十七条から第十九条までに係る部分に限る。）の規定　公布の日から起算して一年

を超えない範囲内において政令で定める日

（検討）

第二条　政府は、この法律の施行後三年以内に、ヒト受精胚の人の生命の萌芽《ほう》としての取扱いの在り方に関する総合科学技術会議等における検討の結果を踏まえ、この法律の施行の状況、クローン技術等を取り巻く状況の変化等を勘案し、この法律の規定に検討を加え、その結果に基づいて必要な措置を講ずるものとする。

（経過措置）

第三条　第四条第三項の規定の適用については、公布の日から内閣法の一部を改正する法律（平成十一年法律第八十八号）の施行の日（平成十三年一月六日）の前日までの間は、同項中「文部科学大臣」とあるのは「内閣総理大臣」と、「総合科学技術会議」とあるのは「科学技術会議」とする。

（組織的な犯罪の処罰及び犯罪収益の規制等に関する法律の一部改正）

第四条　組織的な犯罪の処罰及び犯罪収益の規制等に関する法律（平成十一年法律第百三十六号）の一部を次のように改正する。

別表に次の一号を加える。

六十一　ヒトに関するクローン技術等の規制に関する法律（平成十二年法律第百四十六号）第十六条（人クローン胚等の人又は動物の胎内への移植）の罪

資料2　特定胚の取扱いに関する指針案

ヒトに関するクローン技術等の規制に関する法律（平成十二年法律第百四十六号）第四条第一項の規定に基づき、特定胚の取扱いに関する指針を次のように定め、平成十三年　月　日から適用する。

平成十三年　月　日

文部科学大臣　遠山　敦子

特定胚の取扱いに関する指針

目次

第一章　特定胚の作成の要件に関する事項

（特定胚の作成の要件）

第一条　特定胚の作成は、次に掲げる要件に適合する場合に限り、行うことができるものとする。

一　動物の胚又は細胞のみを用いた研究その他の特定胚を用いない研究によっては得ることができない科学的知見が得られること。

二　特定胚の作成をしようとする者（以下「作成者」という。）が当該特定胚を取り扱う研究を行うに足りる技術的能力を有すること。

2　前項に定めるもののほか、特定胚の作成は、当分の間、次の各号に掲げる胚の種類に応じそれぞれ当該各号に定める研究を目的とする場合に限り、行うことができるものとする。

一　ヒト胚核移植胚　ヒトのミトコンドリアＤＮＡの障害に由来する疾病その他の未受精卵の細胞質に由来する疾病の予防に関する研究

二　ヒト性融合胚　ヒトのミトコンドリアＤＮＡの障害に由来する疾病その他の未受精卵の細胞質に由来する疾病の予防に関する研究又は核の初期化プロセス（体細胞の核が胚性細胞の核と同様の性質を有するものに変化する過程をいう。）の研究その他の再生医療に関する研究

三　動物性集合胚　ヒトに移植することが可能なヒトの細胞に由来する臓器の作成に関する研究

（胚又は細胞の提供者の同意）

第二条　作成者は、特定胚の作成にヒトの胚又は細胞を用いることについて、当該特定胚の作成に必要な胚又は細胞の提供者（以下この条において「提供者」という。）の同意を得るものとする。

2　前項の同意は、書面により表示されるものとする。

3　作成者は、第一項の同意を得るに当たり、次に掲げる事項に配慮するものとする。

一　提供者が同意をしないことを理由として、不利益な取扱いをしないこと。
二　提供者の意向を尊重するとともに、提供者の立場に立って公正かつ適切に次項の説明を行うこと。
三　提供者が同意をするかどうかを判断するために必要な時間的余裕を有すること。
4　作成者は、第一項の同意を得ようとするときは、あらかじめ、提供者に対し、次に掲げる事項を記載した書面を交付し、その記載事項について説明を行うものとする。
一　作成する特定胚の種類
二　作成の目的及び方法
三　提供される胚又は細胞の取扱い
四　特定胚の作成後の取扱い
五　提供者の個人情報の保護の方法
六　胚又は細胞の提供が無償である旨
七　提供者が同意をしないことによって不利益な取扱いを受けない旨
八　提供者が同意を撤回することができる旨
5　提供者は、第一項の同意を撤回することができるものとする。

（ヒトの胚及び生殖細胞の無償提供）

第三条　特定胚の作成に用いられるヒトの胚及び細胞の提供は、輸送費その他必要な経費を除き、無償で行われるものとする。

（ヒト受精胚の取扱い）

第四条　作成者は、次に掲げる要件に適合する場合に限り、特定胚の作成にヒト受精胚を用いることができるものとする。

一　ヒト受精胚が生殖補助医療の用に供するために作成されたものであって、かつ、廃棄が予定されているものであること。

二　ヒト受精胚が凍結保存されているものであること。

三　ヒト受精胚が受精後十四日以内のものであること。ただし、凍結保存されている期間は、当該期間に算入しない。

第二章　特定胚の譲受その他の特定胚の取扱いの要件に関する事項

（特定胚の譲受の要件）

第五条　特定胚の譲受は、次に掲げる要件に適合する場合に限り、行うことができるものとする。

一　譲り受けようとする特定胚が第一条から前条までに規定する事項に適合して作成されたものであること。

二　特定胚の譲受後の取扱いが第一条第一項第一号に規定する要件に適合し、かつ、同条第二項各号に掲げる胚の種類に応じそれぞれ当該各号に定める研究を目的とすること。

三　特定胚を譲り受けようとする者が当該特定胚を取り扱う研究を行うに足りる技術的能力を有すること。

四　特定胚の譲受が輸送費その他必要な経費を除き、無償で行われること。

（特定胚の輸入）

第六条　特定胚の輸入は、当分の間、行わないものとする。

（特定胚の作成、譲受又は輸入後の取扱いの要件）

第七条　特定胚の作成、譲受又は輸入後の取扱いは、当該特定胚の作成後十四日以内に限り、行うことができるものとする。ただし、凍結保存されている期間は、当該期間に算入しない。

（特定胚の輸出）

第八条　特定胚の輸出は、当分の間、行わないものとする。

（特定胚の胎内移植の禁止）

第九条　ヒトに関するクローン技術等の規制に関する法律（以下「法」という。）第三条に規定するもののほか、ヒト胚分割胚、ヒト胚核移植胚、ヒト集合胚、動物性融合胚又は動物性集合胚についても、当分の間、人又は動物の胎内に移植してはならないものとする。

第三章　特定胚の取扱いに関して配慮すべき手続に関する事項

（倫理審査委員会）

第十条　特定胚の作成、譲受又は輸入及びこれらの行為後の取扱い（以下「特定胚の取扱い」という。）をしようとする者（以下「取扱者」という。）は、当該特定胚の取扱いについて、法第六条に規定する文部科学大臣への届出を行う前に、機関内倫理審査委員会（倫理審査委員会（特定胚の取扱いの本指針に対する適合性について、科学研究に係る倫理の保持の観点から調査審議を行う組織をいう。以下同じ。）であって、取扱者の所属する機関（取扱者が法人である場合には、当該法人）によって設置されるものをいう。以下同じ。）の意見を聴くものとする。

2　前項の場合において、機関内倫理審査委員会が設置されていないときは、取扱者は、次のいずれかの機関によって設置された倫理審査委員会の意見を聴くことをもって、前項の規定による意見の聴取に代えることができるものとする。

一　国又は地方公共団体の試験研究機関

二　大学（学校教育法（昭和二十二年法律第二十六号）第一条に規定する大学をいう。）又は大学共同利用機関（国立学校設置法（昭和二十四年法律第百五十号）第九条の二第一項に規定する大学共同利用機関をいう。）

三　独立行政法人（独立行政法人通則法（平成十一年法律第百三号）第二条第一項に規定する独立行政法人をいう。）

四　特殊法人（法律により直接に設立された法人又は特別の法律により特別の設立行為をもって設立された法人であって、総務省設置法（平成十一年法律第九十一号）第四条第十五号の規定の適用を受けるものをいう。）

五　認可法人（特別の法律により設立され、かつ、その設立に関し行政官庁の認可を要する法人をいう。）

六　民法（明治二十九年法律第八十九号）第三十四条の規定により設立された法人

（情報の公開）

第十一条　取扱者は、その特定胚の取扱いの内容及び成果の公開に努めるものとする。

[著者略歴]

御輿久美子（おごし　くみこ）

1949年大阪府生まれ。奈良県立医科大学助手（公衆衛生学教室に勤務）。医学博士。専門分野は環境保健学。「優生思想を問うネットワーク」会員。著書（共著）に『生と死の先端医療』（解放出版社）、『生命操作事典』（緑風出版）など。

福本英子（ふくもと　えいこ）

1934年秋田県生まれ。武蔵野美術大学で油絵専攻。1970年からフリーライター。日本ジャーナリスト専門学校教員。DNA問題研究会会員。著書に『複製人間の恐怖』（文一総合出版）、『危機の遺伝子』、『生物医学時代の生と死』（以上、技術と人間）、『生命操作』（現代書館）など。

西村浩一（にしむら　こういち）

1968年広島県生まれ。埼玉県警警察官を経て、日本ジャーナリスト専門学校入学。94年同校中退、ルポライターとして活動を始める。著書（共著）に『別冊宝島REAL　操作・再生される人体！』（宝島社）、『生命操作事典』（緑風出版）など。

北川れん子（きたがわ　れんこ）

1954年大阪府生まれ。衆議院議員（社民党）。兵庫県尼崎市で反農薬・反原発八百屋「連」を開業。元尼崎市議。

鈴木良子（すずき　りょうこ）

1961年東京都生まれ。編集プロダクション勤務を経てフリー編集者・ライターに。主な仕事分野は妊娠・出産・子育て、ほか女性のからだと医療、不妊、生殖技術など。フィンレージの会会員。共著に「子育てヘルプ」（筑摩書房）。

粥川準二（かゆかわ　じゅんじ）

1969年愛知県生まれ。雑誌編集者を経て、フリージャーナリストに。著書に『人体バイオテクノロジー』（宝島社新書）、共著書に『別冊宝島REAL　操作・再生される人体！』（宝島社）、『生命操作事典』（緑風出版）など。共訳書にエドワード・テナー著『逆襲するテクノロジー』（早川書房）など。

HP http://www.jca.apc.org/~kayukawa/

人《ひと》クローン技術《ぎじゅつ》は許《ゆる》されるか

2001年9月30日　初版第1刷発行　　定価2000円＋税

著　者　御輿久美子　他著
発行者　高須次郎
発行所　緑風出版
〒113-0033　東京都文京区本郷2-17-5　ツイン壱岐坂
[電話] 03-3812-9420　[FAX] 03-3812-7262
[E-mail] info@ryokufu.com
[郵便振替] 00100-9-30776
[URL] http://www.ryokufu.com/

装　幀　堀内朝彦
写　植　R 企 画
印　刷　長野印刷商工　巣鴨美術印刷
製　本　トキワ製本所
用　紙　大宝紙業　　E2000

〈検印廃止〉乱丁・落丁は送料小社負担でお取り替えします。

なお、お問い合わせは小社編集部までお願いいたします。

ISBN4-8461-0111-8　C0036